농업의 미래를 만나다

대한민국 최고농업기술 명인 56人

농촌진흥청

사람에게서
농업의 미래를 봅니다

농촌진흥청은 탁월한 농업 기술을 통해 지역농업 발전에 이바지하고 있는 최고 농업인을 선정하여
농업에 대한 자긍심을 고취하고, 다른 농업인들에게 성공 의지를 확산할 목적으로
2009년부터 **'대한민국 최고농업기술명인'**을 선발하고 있습니다.

생산을 기본으로 하면서 생산기술개발, 가공, 유통, 상품화 등 해당분야(식량작물, 채소, 과수, 화훼·특작, 축산)
최고 수준의 기술을 보유하고 장인정신이 투철한 농업인이면 누구나 신청 가능하며
(전체 영농 경력 20년 이상, 동일분야 15년 이상 경력 필수) 2020년까지 56명의 명인이 선정되었습니다.

농업 기술을 향한 명인의 열정과 노력, 노하우는 새롭게 농업을 시작하는 청년과 귀농인 등에게
성공적인 활동 모델이 되어 지역농업 발전을 앞당길 것입니다.
우리나라 농업의 미래를 만들어나가는 대한민국 최고농업기술명인을 소개합니다.

CONTENTS

대한민국
최고농업기술 명인
56人

농업의 미래를 만나다

식량

8 신기술 농업과 가공식품 개발로
   소비자의 눈높이를 맞추다
   하루에 세끼 채기송 명인

12 역량강화를 통해
   지역농업 발전을 이루다
   철원들녘애 최정호 명인

16 유기농업이라는
   사명의식으로 빚은 쌀
   우리원 전양순 명인

20 자연 그대로의 순환농업으로 만든
   고성 생명환경쌀
   생명농원 허주 명인

24 국민 건강 지키는 보리의 재탄생!
   제주홍암가 이규길 명인

28 관행농에서 유기농으로의 전환
   순천만 청정자연을 담은 쌀
   고집불통 오색미 박승호 명인

32 품질 차별화에 대한 열정으로 만들어낸
   대한민국 최고의 쌀 '탑라이스'
   산청탑라이스 오대환 명인

36 종자 강국 이끄는 건강한 감자
   왕산종묘 권혁기 명인

40 조합을 통해 주곡의 가치를
   발견하고 지키다
   한마음영농조합법인 장수용 명인

44 고품질 블렌딩 쌀시장 개척으로
   지역상생을 모색하다
   장양영농조합법인 이호영 명인

48 35년간 이어온 콩 품종개량,
   스마트팜으로 한 걸음 앞서가다
   더불어사는농장 김복성 명인

채소

54 자연 그대로의 취나물
   삼마사농장 이종현 명인

58 끊임없는 연구개발로
   제 2의 우장춘 박사를 꿈꾸다
   석정농장 이석변 명인

62 딸기분야 그랜드슬램을 달성하다
   봉농원 류지봉 명인

66 마늘의, 마늘에 의한,
   마늘을 위한 단 한명의 명인
   이진우 명인

70 품질 확보로 논산 쌈채소의
   판로를 열다
   영환농장 김영환 명인

74 우직함으로 키워낸 붉은 열매
   미래 농업을 더욱 건강하게
   봉춘농장 강동춘 명인

78 상생으로 성주참외를 발전시키다
   다온농장 이명화 명인

82 꺾이지 않는 도전으로 확립한
   한국형 딸기 재배 모델
   김수현 명인

86 보타리(Botari) 농법으로
   제주 친환경 생태농업을 실현하다
   제주보타리팜 김형신 명인

90 분화촉진기술로 조기수확과
   고소득의 길을 열다
   석정딸기농원 한민우 명인

과수

96 3대째 이어지는 끊임없는 혁신
현명농장 이윤현 명인

100 대한민국 단감의 우수성을
세계에 알리다
부부농장 성재희 명인

104 사과나무와 대화하는 사과명인
주신禾사과농원 주신복 명인

108 특화된 참다래 재배기술로
제스프리를 넘는다
영길농원 장영길 명인

112 농업전략 더한 '돈 열리는' 사과나무
홍로원 김재홍 명인

116 전통의 사과 명가
3대가 농사짓는 땅강아지사과밭
땅강아지사과밭 김정오 명인

120 성실함이 만드는 신화창조
해돋이 농원 김종오 명인

124 우리 농업, 우리 감을 세계에 알린다
다감농원 강창국 명인

128 포도 재배기술의 끊임없는 연구로
과수농업의 혁신을 이루다
로컬랜드 이대훈 명인

132 포도의 한류를 이끈다
봉도월포도원 박용하 명인

136 도장지 활용법으로
복숭아 명인에 올라서다
풍원농원 이재권 명인

140 모두가 말리던 도전
달콤한 성공의 열매를 맺다
부저농원 이평재 명인

화훼 · 특작

146 국내 유일 제주산
백도라지 명맥을 잇다
목성쿨농장 이기승 명인

150 지역의 신소득을 창출하고
화훼산업을 발전시키다
은성농장 채원병 명인

154 철저한 시장분석과 세심한 관리로
고품질 버섯을 재배하다
산들원 임두재 명인

158 국내 당귀산업의 혁명, 영흥당귀
영흥상회 함승주 명인

162 옛 버섯 그대로
자연에 가장 가까운 버섯을 키운다
자연아래버섯 이남주 명인

166 조직배양으로
호접란 시장을 개척하다
상미원 박노은 명인

170 국산 장미 품종 재배로
생산비 절감 및 수출 겨냥
도원장미원 김원윤 명인

174 한국 엉겅퀴 산업의 지평을 열다
임실생약영농조합법인 심재석 명인

178 한국 차의 세계 진출을 이끈다
보향다원 최영기 명인

182 판로 걱정 없는 국산 명품 한약재
동부생약영농조합법인 홍재희 명인

186 혁신형 쿨링하우스 개발로
화훼농가 소득 증대에 청신호를 알리다
무등농원 김종화 명인

190 산채 대량생산과 산야초 가공법
개발로 산나물 달인이 되다
뫼들산채농원 최상근 명인

축산

196 한국형 유가공산업을 발전시키다
삼민목장 손민우 명인

200 노동력, 경영비 줄이고
생산력 높이는 명품 축사 경영
석청농장 백석환 명인

204 안전한 무항생제 한우
우리 풀 먹으며 자란 행복한 한우
오성그린농장 김상준 명인

208 악취, 해충, 항생제 없는 3無농장
비전농장 김건태 명인

212 생체리듬 고려한 축산 환경으로
건강한 낙농 산업을 이끈다
또나따목장 양의주 명인

216 철저한 생육환경, 족보 관리로
청정한우를 만든다
행원육종목장 문홍기 명인

220 선진기술 도입과 고품질 원유 생산으로
낙농가에 희망을 불어넣다
은아목장 조옥향 명인

224 좋은 품질과 맛
최고의 경쟁력을 갖춘 돼지
까매요 박영식 명인

228 부드러운 육질,
DNA를 가진 명품 흑돼지
다산육종 박화춘 명인

232 치악산금돈, 축산업의 미래를 열다
금돈 돼지문화원 장성훈 명인

236 기록하고 돌아보며 걸어온 길
그 위에서 자라는 한우의 미래
덕풍농장 오삼규 명인

농업의 미래를 만나다
대한민국 최고농업기술 명인
56人

식
량

8
신기술 농업과 가공식품 개발로
소비자의 눈높이를 맞추다
하루에 세끼 채기송 명인

12
역량강화를 통해
지역농업 발전을 이루다
철원들녘애 최정호 명인

16
유기농업이라는
사명의식으로 빚은 쌀
우리원 전양순 명인

20
자연 그대로의 순환농업으로 만든
고성 생명환경쌀
생명농원 허주 명인

24
국민 건강 지키는 보리의 재탄생!
제주흥암가 이규길 명인

28
관행농에서 유기농으로의 전환
순천만 청정자연을 담은 쌀
고집불통 오색미 박승호 명인

32
품질 차별화에 대한 열정으로 만들어낸
대한민국 최고의 쌀 '탑라이스'
산청탑라이스 오대환 명인

36
종자 강국 이끄는 건강한 감자
왕산종묘 권혁기 명인

40
조합을 통해 주곡의 가치를
발견하고 지키다
한마음영농조합법인 장수용 명인

44
고품질 블렌딩 쌀시장 개척으로
지역상생을 모색하다
장양영농조합법인 이호영 명인

48
35년간 이어온 콩 품종개량,
스마트팜으로 한 걸음 앞서가다
더불어사는농장 김복성 명인

신기술 농업과 가공식품 개발로 소비자의 눈높이를 맞추다

하루에세끼영농조합법인

채기송

📍 전남 진도군 지산면 앵무길
📞 061-543-7002

가공식품을 통해 도시민들의 끼니를 해결하고자 하루에 세끼 채기송 대표는 오늘도 땀방울을 흘린다.
건강한 흑미를 이용하여 만든 식사대용 흑미차는 이미 많은 사랑을 받고 있다.
뿐만 아니라 생산자와 소비자 간 직거래를 통해 소비자의 경제적 부담까지 줄였다.
이러한 그의 철학을 인정받아 식량부문 '2009 대한민국 최고기술농업명인'으로 선정되었다.

無(무)에서 多(다)를 이루다

"식사 하셨나요? 이거 한잔 드세요." 진도 지산면에 위치한 '하루에 세끼' 채기송 명인은 검은 빛깔의 따뜻한 차를 건넨다. 구수하면서도 동동 떠다니는 콘플레이크가 한층 맛을 더하고 포만감도 느끼게 한다. "이곳의 대표 가공식품인 흑미차입니다." 끼니를 거르는 바쁜 현대인들을 위해 편리하고 맛있게 건강한 음식을 제공하겠다는 목표를 가진 그는 지난 2009년 대한민국 최고농업 기술명인에 식량부문으로 선정되었다.

채 대표는 농사에 임한지 40여 년 된 베테랑 농업인이다. 진도군 지산면은 간척지였기 때문에 초창기 농사가 쉽지 않아 한때는 가난의 연속이었다. 그런 그가 지금의 명인자리에 올 수 있었던 데에는 재배기술 뿐만 아니라 흐름을 읽는 안목이 뒷받침되어 있었다. 소비패턴과 환경 변화를 관찰하면서 기존의 벼농사와 더불어 기능성 성분이 우수한 흑미를 30여 년째 재배해 소득이 2배가량 오르게 되었다.

> 소비패턴과 환경 변화를 관찰하면서 기존의 벼농사와 더불어 기능성 성분이 우수한 흑미를 30여 년째 재배해 소득이 2배가량 오르게 되었다.

대한민국 최고농업기술명인의 비법

- 유통업자를 거치지 않고 소비자와 직거래 촉진
- 소포장으로 소비자가 원하는 양만큼 구매할 수 있도록 함
- 주문 후 도정으로 쌀의 신선도를 높여 소비자의 입맛을 사로잡음

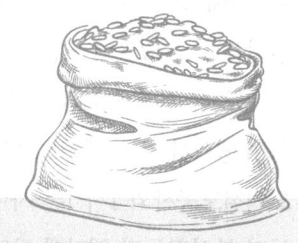

선정 년도 및 분야
2009년 식량부문

주요 품목
흑미, 소포장 곡류, 흑미차 등

지역파급효과
영농후계인력 양성에 기여

R&D 기술접목
오색미 쌀생산과 소비자 기호에 맞는 친환경 인증생산, 조기 모내기로 조기수확 햇쌀시장 선점. 가공, 소포장 시설을 갖추고 철저한 위생관리

가공과 직거래, 환상의 케미

5만여 평에서 두 아들과 역할을 분담하여 가족농을 이끌어가고 있던 '하루에 세끼'는 최고품질의 곡류를 생산하고 있다. 육묘장, 저온 저장고, 창고, 농산물 직판장 등을 보유하고 있으며, 우체국 쇼핑과 Qook 쇼핑을 통해 전국으로 유통을 한다. 하지만 채 명인은 1차 산업에서 탈피하고자 새로운 아이템에 대한 갈증을 느끼고 있었다.

때마침 가공을 담당하던 둘째 아들이 흑미를 분말시킨 것이 도화선이 되었고, 채 명인은 과감하게 위생시설과 가공·포장 시설에 투자하였다. 그 결과 지금의 효자 상품인 흑미차가 탄생하게 되었고, 쇼핑몰과 직거래 등으로 불티나게 팔리고 있다. 그밖에 소비자의 편리성을 생각하여 1인분씩 먹을 수 있도록 곡류를 소포장하여 건강과 편리성을 함께 잡았고, 농촌진흥청과 쌀 초콜릿을 공동개발하는 등 끊임없이 도전하고 있다.

채 명인은 지난 2004년 주곡부문으로 이달의 새농민으로 선정되었고, 2007년 농림부 지정 신지식인장 219호, 그리고 '2009 대한민국 최고농업기술명인' 식량부문에 선정되며 승승장구하고 있다. 그는 업적을 인정받는 것도 좋지만 가족과 함께하는 지금이 제일 값지다고 말한다. 현재 첫째 아들은 새로운 농업기술을 접목하는 데 열정을 쏟고 있으며 드론 조종사 자격증을 획득하였다. 두 아들은 직거래 고객을 확보하기 위해 직접 대도시를 돌며 행사를 열기도하고, 그 덕에 지난 2010년에는 광주도시철도공사와 1사 1촌 자매결연을 맺고 농사철 일손 돕기 봉사활동과 직거래 장터를 운영하는 등의 인연을 이어오고 있다.

"두 아들과 함께하는 농업, 참 행복합니다. 새로운 기술

> **Tip**
>
> ### 흑미의 효능
>
> 중국 의서 『본초강목』에 따르면 흑미는 '눈을 밝게 하고 빈혈 예방이나 노화방지에 탁월'해 황실에서 즐겨먹은 식량으로 알려져 있다. 위장을 튼튼하게 하고 체내 불필요한 활성산소를 없애는 안토시아닌과 치매 예방에 좋은 감마오리자놀 성분을 함유하고 있다.

<u>소비자의 편리성을 생각하여
1인분씩 먹을 수 있도록 곡류를 소포장하여
건강과 편리성을 함께 잡았다.</u>

을 받아들여 고품질의 곡류를 생산하고, 다양하고 실용적인 가공식품을 만들겠습니다."

소비패턴 분석을 통해 능동적으로 대응하며 생산 농산물의 경쟁력을 확보해 소비자의 신뢰를 얻은 채기송 명인. 제품 포장 박스와 디자인을 개선해 소비자의 눈높이를 충족시키며 생산자와 소비자간의 직거래 시스템을 강화한 것도 성공 비결 중 하나다. 후계영농승계자인 두 아들과 함께 기업농으로 발전시켜 지속가능한 쌀 농업 전문회사로 발돋움하고 있다. 더불어 도·농 교류 활성화를 통해 지역 홍보, 지역 이미지 개선, 지역경제 활성화에 기여할 방침이다.

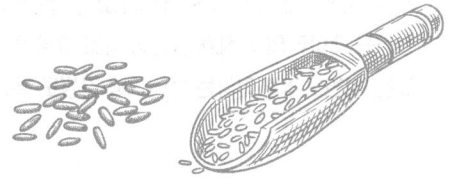

역량강화를 통해
지역농업 발전을 이루다

철원들녘애

최정호

◎ 강원도 철원군 철원읍 묘장로
◎ 033-455-6574
⊕ cwdeulnyeokae.modoo.at

지난 2010년 12월, 명품 오대쌀의 고장 철원에서 대한민국 최고농업기술명인이 탄생했다.
철원읍 대마리의 최정호 명인이 바로 그 주인공이다.
그는 '철원오대쌀'이라는 브랜드를 강원도 특산물로 만든 장본인으로 농업인의 롤모델이 되고 있다.

대한민국 최고농업기술명인의 비법

무논점파재배방식
조기 도입으로 노동력과
생산비 절감

육묘시에 육묘상자를
편안하게 운반할 수 있는
'편안손' 개발·보급

개인브랜드였던 '철원오대쌀'을
지역브랜드로 승화시켜
소비자 인지도 제고

1996년부터 2ha 규모에
찹쌀과 반찹쌀, 흑미, 적진주 등을
친환경으로 재배하고 있으며
2009년에는 철원군농업기술센터가 시작한
무논점파재배 실증시험에 참여해
생산비 절감을 위한 방법을 고민했다.

농업에서 미래를 보다

최정호 명인의 고향은 경기도 양주(현 남양주)다. 최 명인은 어릴적부터 농업인이었던 아버지를 보고 자랐다. 하지만 열심히 일을 해도 가난에서 벗어나지 못하는 모습을 보고 커서는 농사를 짓지 않아야겠다고 결심했다. 농업인이 대접받지 못하는 모습도 마음에 들지 않았다. 아이의 눈으로 보던 사람의 차이는 천지 차이로 보였다. 마을에 운전수를 대동하고 자가용을 타고 온 서울에서 출세한 부자를 동경했다.

그렇게 초등학교 때부터 농사를 짓지 않겠다고 결심한 최 명인은 청년기 때에는 서울 영등포에서 시곗줄 제작하는 기술을 익히기도 했다. 하지만 갑작스런 형의 부고로 부모님을 곁에서 모시게 됐다. 어쩔 수 없이 다시 고향으로 와서 농사를 지어야 했다. '이왕 하는 농사 잘해야겠다'고 생각했다. 그리고 4H 활동을 열심히 했다.

그는 개인의 이익만을 추구하는 대신 전체 농업의 미래를 위해 지역 쌀 농업에 기여한 바가 크다. 1996년부터 2ha 규모에 찹쌀과 반찹쌀, 흑미, 적진주 등을 친환경으로 재배하고 있으며 2009년에는 철원군농업기술센터가 시작한 무논점파재배 실증시험에 참여해 생산비 절감을 위한 방법을 고민했다. 철원 쌀 산업의 위기 상황을 인식한 그는 지역농업의 발전을 위해서는 개개인의 역량 강화를 통해 재배기술력을 확보하는 것이 중요하다고 봤다.

※ 선정 년도 및 분야
2010년 식량부문

※ 주요 품목
쌀

※ 지역파급효과
철원에서 '오대' 품종을 '철원오대쌀'이라는 브랜드로 정립하고 지역브랜드 개척

※ R&D 기술접목
철원군농업기술센터가 시작한 무논점파재배 실증시험을 함께 진행, 3.3ha(약 1만 평) 논에 무논점파를 시험하며 지자체와 주변농가에 기술 보급

그는 농촌지도자회 부회장, 철원쌀연구회 회장, 강원도 쌀연구회 회장, 전국 새농민회 사무총장, 강원도농업기술원 연구과제평가회 평가위원 등 다수의 조직 책임자 위치에서 주변 사람과 소통·공감하며 좋은 결과를 이끌어 내며 농업인에게는 성장의 기회와 철원 쌀 산업에는 발전의 기회를 가지고 왔다. 이러한 공을 인정받은 그는 나라 발전에 기여한 공적이 뚜렷한 사람에게 수여하는 산업포장을 받고, 명인의 자리까지 오르게 됐다.

'철원오대쌀' 브랜드 보급의 일등공신

최 명인은 품종도입과 보급에도 앞장섰다. '철원군'하면 '철원오대쌀'이라는 브랜드가 먼저 연상될 정도로 유명하다. 하지만 이 브랜드는 처음에는 최 명인 개인이 운영하던 브랜드였다. 개인 브랜드는 발전하는 데 한계가 있다고 판단한 그는 '지역 브랜드를 키워야 한다'를 지론으로 삼고 '철원오대쌀'을 지역 브랜드로 개척했다. 철원은 수리 안전답이라 논까지 경운기가 들어와 실어 나를 수 있고, 평야지역이라 일조량이 많고 적산온도가 높은 등 쌀농사에 장점이 많은 지역이다. 최 명인은 품질로 승부하겠다고 마음먹고 과학영농으로 쌀을 생산하기 위해 지정학적, 토양적, 기후적 조건 등 철원의 쌀농사 환경을 면밀히 검토하면서 사업성을 분석했다. 철원쌀연구회를 창립해 동료 농업인들과 함께 쌀에 대한 연구를 철저히 했다.

최근 최 명인은 보다 높은 수준의 고품질의 쌀에 도전했다. 바로 최 명인의 정성과 장인의 혼이 담긴 '철원최고향(香) 왕찰'이라는 쌀이다. 무장지대(DMZ) 인근의 청정지역에 위치한 최 명인의 논에서 나온 쌀로, 부드러운 식감에 누룽지향 풍미가 일품이다. 찰기가 풍부해 쌀을 물에 충분히 불린 후, 물을 넉넉히(쌀과 물 1:1.2 비율 정도)

> **Tip**
>
> **오대쌀이란?**
>
> 1982년 농촌진흥청 작물시험장에서 개발된 국내 품종 쌀. 추위에 강하고 재배 기간이 짧아 일조량이 많고 일교차가 큰 철원의 기후와 궁합이 잘 맞는다. 철원오대쌀은 비무장지대(DMZ)에서 흐르는 청정한 물과 해발 250m 고지대의 신선한 바람, 기름진 황토흙 등 깨끗한 자연환경 속에 재배 및 생산돼 그 맛이 더욱 일품이다.

최 명인은 품질로 승부하겠다고 마음먹었다. 과학영농으로 쌀을 생산하기 위해 지정학적, 토양적, 기후적 조건 등 철원의 쌀농사 환경을 면밀히 검토하면서 사업성을 분석했다.

붓고 밥을 하면 밥알이 서로 엉겨 붙는 떡처럼 질쭉해진다. 2017년 3ha 규모로 고향찰벼를 시범재배한 그는 2018년 30ha, 2019년에는 37.2ha로 규모를 늘렸다. 특수미 시범재배를 통한 전략품종 선정을 통해 소득증대를 이뤘다.

청년기에 농사짓기가 싫어 기술을 배우고, 군대에 가면서 회피했던 농업이었지만, 지금은 전국에서도 손꼽는 쌀 명인이 되어 많은 후배들의 귀감이 되고 있다. 귀농을 바라는 청년들에게 희망의 메시지를 요청하니, 최 명인은 '배우려 하는 것도 중요한데, 배운 바를 120% 활용하는 사람이 되었으면 좋겠다'고 말한다. 배운 바를 적극적으로 실천해 내는 의지와 태도가 오늘날의 최 명인과 명품 '철원오대쌀'을 일궜다. 이제 아들과 함께 2대째 철원오대쌀의 전통과 명맥을 이어가면서 오대쌀의 발전과 철원지역 특수미 품종을 특화시키기 위해 노력하고 있는 이들의 땀방울을 응원한다.

유기농업이라는
사명의식으로 빚은 쌀

우리원

전양순

◎ 전남 보성군 벌교읍 벌교마동길
📞 061-857-5959
🌐 www.wooriwon.com

우직하게 한 우물만 파며 유기농업만을 고집해온 전남 보성 전양순 대표.
1984년 남편 고(故) 강대인 회장과 함께 유기농업을 시작해, 전국 최초로 쌀 분야 유기농인증을 획득했으며,
유기농업에 대한 비판여론이 많았던 초창기의 온갖 역경을 딛고 정농회를 통해 전국 유기농업 전도사 역할을 했다.
유기농 쌀뿐만 아니라 발효음료, 전통장류 등 20여 종의 가공품 판매를 주도해 당당한 최고농업기술명인으로
활동하고 있다.

유기농, 그 힘든 여정의 시작

"많은 어려움이 있었지만 그런 시간들로 인해 제가 유기농을 할 수 있도록 단단해졌습니다."

대한민국 최고농업기술명인, 대산농촌문화상 농업경영 부문 대상을 수상한 전양순 명인은 시련이 있었기에 지금의 자신이 있었다고 말한다. 전 명인은 젊은 나이에 풀무원 연수생활을 하고, 정농회 모임을 초장기 때부터 쫓아다니며 유기농에 대해 배웠다. 이때, 평생의 동반자였던 고(故) 강대인 회장도 만나게 되었다. 강대인 회장은 국내에서 최초로 유기농업을 시작해 쌀농사를 지은, 우리나라 친환경 농업을 이끈 신지식 농업인이다.

"집에서 '농사짓지 말라'고 엄청난 반대를 했지만, 남들이 손가락질하는 유기농업을 실천했던 이유는 아마 '사명의식' 같은 것이었다고 생각합니다. 기후 온난화로 인해 전 세계가 큰 위기에 봉착할 것이고, 이러한 위기를 막기 위해서는 유기농업이 답이라고 생각했습니다. 우리가 빌려온 소중한 환경을 후손들을 위해 지키고, 다시 돌려주기 위해서는 유기농업이 해결책이 아닐까요?"

현실은 결코 호락호락하지 않았다. 제초제와 농약을 쓰지 않아 논은 잡초로 엉망이 됐고, 병충해가 심해 수확을 포기해야 했던 때도 많았다. 주위 사람들의 따가운 시선은 덤이었다.

대한민국 최고농업기술명인의 비법

- 유기농 실천의 기본은 건강한 토양의 조성
- 체계적인 물 관리로 잡초방제와 미질향상
- 유기농에 적합한 토종종자 도입

> 기후 온난화로 인해 전 세계가 큰 위기에 봉착할 것이고, 이러한 위기를 막기 위해서는 유기농업이 답이라고 생각했습니다.

- **선정 년도 및 분야**
  2011년 식량부문
- **주요 품목**
  유기농 컬러 쌀
- **지역파급효과**
  전남도 1호 친환경농업교육관 설립으로 매년 5,000여 명의 교육생 배출, 지역에서 생산된 친환경농산물 판로 확대
- **R&D 기술접목**
  자연순환농법 실시(생산된 부산물은 논에 모두 되돌려주며, 녹비자원을 활용)

"정농회에서 '유기농은 초기 작황이 어려우니 3대를 무지렁이로 키울 각오를 해라'는 말을 들었을 때는 단순히 우스갯소리려니 했습니다."

생산비를 낮추고, 직거래를 늘리다

유기농에 몰두해도 집안형편은 전혀 나아질 기미를 보이지 않자, 전 명인은 짬짬이 벼농사 외에 당근, 오이 등 채소를 직거래하기 시작했고, 규격에 맞지 않아 남거나 버려지는 재료를 활용해 가공품 만들기를 시도했다. 수십 가지 재료를 섞어 만든 효소액은 농작물의 병충해 예방에 탁월할 뿐만 아니라 농작물의 영양소로 더할 나위 없었다. 게다가 100여 가지 재료를 섞은 '백초액'은 건강음료로 소문이 나 우리원의 대표상품이 되었다. 그렇게 직거래 고객이 점차 늘고, 고정 고객이 3,000여 명까지 늘어나게 됐다.

유기농업에 대한 기술도 점차 체계화되기 시작했다. 전 명인은 쌀겨와 깻묵, 어분을 6:3:1의 비율로 섞어 발효시킨 쌀겨퇴비를 사용해 유기농 벼 재배에 사용한다. 수분은 꼭 쥐었을 때 물기가 나올 듯 말 듯 한 수준으로 유지하면서, 6일 동안 덮어놓고 발효시키되 온도가 40℃ 이상 올라가지 않도록 산소가 통하게 섞어준다. 전 명인은 이렇게 만든 퇴비를 990㎡(300평)당 120kg 논밭에 시비한다. 볏짚을 이용해 수확이 끝난 논에 영양분을 공급하는 것은 물론 볏짚이 마르기 전에 땅을 갈아엎고 논에 물을 대 발효시킨다. 이 같은 방법을 통해 생산비를 30% 이상 줄이게 되었고, 논이 건강해져 병해에 강하고 잡초 발생도 크게 줄어들었다.

전 명인은 지난 2009년 강대인 회장과 사별하는 아픔을 겪었다. 지금은 맏딸인 강선아 씨가 귀농을 결심해 우리원을 기업형 농가로 키워가고 있다.

> **Tip**
>
> **자연순환농업의 필요성**
>
> 자연순환농업은 자연생태계의 영속적인 물질순환 기능을 활용해 작물과 가축이 건강하게 자라도록 하고 농축산물의 안전성과 품질을 높이고자 하는 농업이다. 물질순환 체계를 농업 내부에서 확립해 지속가능한 농업을 활성화할 수 있다.

짬짬이 버리는 채소를 모아서
가공품 만들기를 시도했다.
수십 가지 재료를 섞어 만든 효소액은
농작물의 병충해 예방에 탁월할 뿐만 아니라
농작물의 영양소로 더할 나위 없었다.

선아 씨는 부모님의 유기농업 전파와 함께 유기농 음식과 제품 등으로 몸과 마음을 치유하는 힐링센터 운영을 계획하고 있다.
"바른 먹거리를 제공해 많은 사람이 건강해지길 바라는 마음으로 농사를 짓고 있습니다. 유기농을 통해 환경을 지키고 후손들에게 행복한 땅을 물려주는 일을 앞으로도 계속해 나가겠습니다."

자연 그대로의 순환농업으로 만든 고성 생명환경쌀

생명농원

허주

◎ 경남 고성군 거류면 송산1길
◎ 055-674-5296

경남 고성에는 지역에 맞는 품종을 선택하고 새로운 품종을 공급하기 위해 품종비교 전시포를
매년 운영하고 벼 재배 농업인들이 생육과정을 언제든지 확인할 수 있도록 개방하고 있는 농가가 있다.
2012년 식량부문 대한민국 최고농업기술명인에 선정된 벼농사의 달인,
생명농원 허주 대표가 그 주인공이다.

다 함께 잘사는 농업농촌!

"고향에서 집안 사정으로 인해 아버지의 대를 이어 벼농사를 한 지 어느덧 50여 년이 되었습니다. 1970년대부터 농업기술센터 등 교육이란 교육은 다 다녔어요. 그리고 혼자만이 아닌 다 함께 잘사는 농촌을 만들기 위해 시험 재배를 하기 시작했습니다."

그는 시험 재배를 통해 선발된 밥맛과 품질이 우수한 품종을 선 도입하여 지역농가에 자율적으로 확대·보급하였다. 또한 ▲초다수성 시범단지 ▲내도복성 시범단지 ▲신육성벼 시범단지 ▲우량품종 비교시범포 ▲신품종 증식포 ▲도복대책시범단지 ▲탑라이스시범단지 ▲농촌지도자 자체 종자 증식포 등 다양한 벼농사 시범사업과 연구포장 조성사업 등에 참여했다. 지난 2005년부터는 벼 육묘장을 설치하여 관내 노령화된 농가들에게 저렴한 가격으로 육묘한 묘를 공급했다.

그는 매년 다른 지역에서 시료를 채집하여 지역에 맞는 신품종을 찾고 각종 자료를 모으고 기후·재배특성에 대한 평가회를 개최하고 있다. 아울러 품종 특성이나 완전미 비율 등을 알 수 있도록 쌀 시료를 넣은 시료병도 만들고 있다. 지금껏 그가 모은 종류만 100가지가 넘는다. 우리나라 벼 재배에 관한 농경유물을 만들어나가는 셈이다. 그는 친환경 고품질 쌀 재배에 대한 연구에 지속적으로 참여하고 노하우를 습득하는 데 그치지 않고 이 지식을 주위에 전달해 '다 함께 잘 사는 농업농촌'을 만들고 있다.

대한민국 최고농업기술명인의 비법

미생물 + 당귀 + 계피 + 감초 등으로 한방영양제 자가 제조

고삼 + 제충국을 이용해 친환경 방제제 개발

신품종 비교 전시포 운영

> 그는 시험 재배를 통해 선발된 밥맛과 품질이 우수한 품종을 선 도입하여 지역농가에 자율적으로 확대·보급하였다.

® 선정 년도 및 분야
2012년 식량부문

® 주요 품목
유기농 벼

® 지역파급효과
생명환경농업 벼 재배면적 확대(2008년 163ha에서 2012년 620ha)에 기여, 지역 농산물 브랜드 및 생명환경농업 홍보

® R&D 기술접목
육묘방식을 산파식에서 포트식으로 전환, 합성농약과 화학 비료 대신 직접 제조한 천연농약과 천연비료 사용

생명환경농업의 선구자

"최고의 자연생태환경 속에서 멸종되었다고 알려진 투구새우부터 개구리, 물장구, 소금쟁이, 메뚜기 등이 사람과 함께 공생공존하는 건강한 인류의 꿈을 이루어 가고자 합니다."

허주 명인은 특히 '친환경'이라는 말이 생소한 시기인 1997년부터 '고품질 쌀을 넘어 친환경 쌀을 생산하겠다'는 목표를 가지고 실천에 나섰다. 첫해는 벼멸구 피해로 인해 실패를 경험했지만 연구 끝에 부직포를 설치하여 잡초가 자라지 못하게 하는 '멀칭 재배' 기술과 우렁이 농법을 도입했다.

"벼농사에도 기술적 차별화를 줘서 농가 소득을 향상시켜야 한다는 생각으로 환경친화적 생태농업인 생명환경농업을 실시하게 되었습니다. 2004년 저농약 인증, 2007년 무농약 인증, 2009년부터 지금까지는 유기농 인증을 받고 계속해서 건강한 쌀을 생산하여 소비자들에게 공급하고 있습니다."

생명환경농업이란 2008년부터 고성군에서 역점시책으로 추진하고 있는 농법이다. 자연생태계를 파괴하는 관행농업에서 탈피하여 자연 생태계의 모든 개체가 살아 있는 환경에서 이루어지는 자연순환 녹색성장 농업이다. 쉽게 말하면 자연 상태에서 채취한 토착미생물, 한방 영양제, 천연 녹즙 등을 활용해 재배하는 방식이다.

허 명인은 생명환경농업을 실천하기 위해 각종 유기 자재를 직접 만들어 사용한다. 봄이 되면 미생물과 당귀·계피·감초·생강·마늘 등으로 한방 영양제를 만든다. 또한 식물이 자라는 데 꼭 필요한 질소 성분은 설탕을 이용한 멸치 액젓으로, 인산은 굴 껍데기를 현미 식초에 담가 사용한다. 병해충도 고삼, 제충국 등을 직접 재배해 방제에 이용하고 있다. 이렇게 생명환경농업에 필요한 영농 자재를 직접 만들어 사용하므로 비용도 절감하였다.

> **Tip**
>
> **고성군의 생명환경쌀**
>
> 고성군은 화학비료와 농약을 전혀 사용하지 않고 토착 미생물과 한약재로 재배한 '생명환경쌀'을 브랜드로 특화했다. 지난 2009년부터는 미국에도 수출하는 선례를 남겼으며 지난 2017년에는 생명환경쌀가공육성사업단을 꾸려 다양한 가공품을 선보이고 있다.

허 명인은 육모 방식을 기존의 산파식에서 포트식으로 전환했다.
적게 심어서 많이 가두는 모내기의 혁명을 일으킨 것이다.

또한 허 명인은 육모 방식을 기존의 산파식에서 포트식으로 전환했다. 기존 육묘는 15~20일 모를 옮겨 심는 데 비해 포트식 모는 35일 정도가 돼야 성모가 되기 때문에 병해충 피해가 적고 도복에도 강하며 이삭이 큰 특징이 있다. 또한 관행농업은 3.3㎡당 식재포기수를 75포기 이상 심는데 생명환경농업 실시로 50포기가량으로 적게 심었다. 적게 심어서 많이 거두는 모내기의 혁명을 일으킨 것이다. 친환경농업과 지역농업 발전에 대한 공을 인정받아 그는 2016년 11월 11일 제21회 농업인의 날 기념식에서 대통령 표창을 수상했다.

"생명환경농업의 원칙은 건강의 원칙, 생태의 원칙, 공정의 원칙, 배려의 원칙입니다. 국민에게 안전한 먹거리를 공급해 건강에 기여하고 자연환경을 보존하기 위해 계속해서 생명환경농업을 알리는 데 앞장설 것입니다. 또한 농업경쟁력 강화를 위해 계속된 연구와 생명환경쌀 수출도 추진할 계획입니다."

국민 건강 지키는
보리의 재탄생!

제주홍암가

이규길

◎ 제주 서귀포시 남원읍 일주동로
📞 1588-4836
🌐 jhfood.kr

대한민국 최고농업기술명인 제주홍암가 이규길 대표는 40여 년의 영농 경력과
주경야독으로 배운 농업이론을 바탕으로 버려지는 미강을 활용한 새로운 기능성식품 개발로
우리나라 농업과 식품가공산업에 헌신적으로 기여하고 있다.

미강, 유산균 발효 기술을 만나다

미강은 신이 인간에게 내려준 최상의 식재로 현미의 영양성분을 고스란히 담고 있으며, 백미에 비해 8~9배의 영양소 및 기능성 물질을 가졌다. 하지만 식용으로 전환 할 수 있는 특별한 식품가공법이 없어서 귀한 자원이 버려지고 있는 실정이다. 우리나라 연간 미강 생산량은 약 36만 톤이며 사료나 퇴비, 또는 기타 친환경 자재용으로 사용하고 있다. 미강이 가지고 있는 우수한 영양성과 기능성을 활용하기 위한 방안이 논의되고 있다. 이규길 명인도 미강에 주목했다.

이규길 명인이 연구하고 개발한 특허발효기술은 단순한 식량차원을 넘어서 몸에 매우 유익하고 영양학적으로도 우수한 건강기능성 미강식품을 생산하는 기술이다. '홍암맥아소'는 쌀보리를 발아시킨 후 춘화처리, 당화처리 등 일련의 처리를 통해 기존의 영양성분을 증폭시키고 맛과 질감을 획기적으로 변환시킨 세계 최초의 곡물 유산균 발효식품이다. 뛰어난 항암 작용을 하는 것으로 알려진 베타-글루칸과 각종 인체에 매우 유익한 영양 및 기능성 물질들이 주성분이 되는 기능성 식품 타입이다. 내수시장뿐만 아니라 국외시장에서도 긍정적인 반응을 기대할 수 있는 세계특허기술이다. 현미강에 유산균을 넣어 발효한 '홍암 현미참살이'와 함께 한국의 곡물 유산균 가공기술을 최고의 단계로 끌어올릴 수 있는 놀라운 기술이자 식품으로 꼽힌다.

대한민국 최고농업기술명인의 비법

최아처리 → 춘화처리 → 당화처리 → 압맥처리 과정을 거친 춘화 꽁보리개발

홍암춘화꽁보리는 발명특허인 춘화보리 기술로 제조
(발아현미 대체곡물)

발명특허 춘화보리 기술개방

이규길 명인이 연구하고 개발한 특허발효기술은 단순한 식량차원을 넘어서 몸에 매우 유익하고 영양학적으로도 우수한 건강기능성 미강식품을 생산하는 기술이다.

◉ 선정 년도 및 분야
2013년 식량부문

◉ 주요 품목
보리(가공 및 유통)

◉ 지역파급효과
제주 가파도 보리 수매·가공 소비확대, 지역주민 고용창출

◉ R&D 기술접목
미강, 보리를 원료로 한 유산균 발효식품 춘화발아 꽁보리를 개발해 발아현미를 대체

'춘화꽁보리'는 최아처리→춘화처리→당화처리→압맥처리의 공정을 거친 발아현미 대체식재다. 쫄깃하면서도 부드러운 질감으로 보리밥의 전형적인 거칠고 불편한 맛을 완벽하게 제거하였고, 치아가 없는 노인들도 잇몸으로만 씹어 먹을 수 있을 정도로 매우 부드럽다. 주 타깃은 약 500만 명으로 추정되는 당뇨병 환자들과 1,100만 명 이상으로 추정되는 고혈압환자다.

지금까지 밝혀진 보리의 영양분석 자료에 의하면 식이섬유는 쌀보리가 쌀에 비해 30배(곡물과학과 핸드북 2000), 베타글루칸 70배, 아라비녹실란 5배, 비타민 B1 4배, 단백질 2배 등으로 이미 완전식품으로 알려진 현미조차도 비교가 되지 않는 먹을거리다. 향후 21세기는 현미를 제칠 건강한 웰빙식품으로 기대받고 있다.

또한 쌀보리는 추파작물로 한 곳에서 다른 작물과 연작이 가능한 곡물로 농가의 소득증대와 토지의 활용측면에서 매우 긍정적이다. 세계건강기구에서 추천하는 10대 건강식품에 항상 상위에 랭크되는 등 오히려 서구지역에서 건강식품으로 인정받는 곡물이기도 하다.

이에 독특한 자연조건을 재현하여 보리가 화아분화하고 고유의 생명력을 갖게 하는 춘화처리 기술은 향후 한국만의 보리 아이콘이 되고도 남을 정도의 기술력과 독창성, 그리고 시장 잠재성이 매우 돋보인다.

> **Tip**
>
> **춘화처리란?**
>
> 가을에 파종된 보리가 땅속에서 겨울을 나면서 싹을 틔우고 꽃을 피우며 열매를 맺게 하는 자연의 섭리를 그대로 구현해 일반 보리에 비해 영양성분을 월등히 높이는 이규길 명인의 세계특허기술.

대한민국 보리를 세계 시장으로

이 명인은 춘화처리 기술과 춘화꽁보리 등 유산균발효기술을 활용한 다양한 제품을 제주홍암가 홈페이지와 카페, 블로그에서 홍보하고 있다. 명인의 유산균발효기술은 미국·일본·유럽·중국 4개국에서 특허 등록됐으며 1조 원에 달하는 일본의 발아현미시장에 야심차게 도전하고 있다. 이를 통해 춘화발아꽁보리는 제주

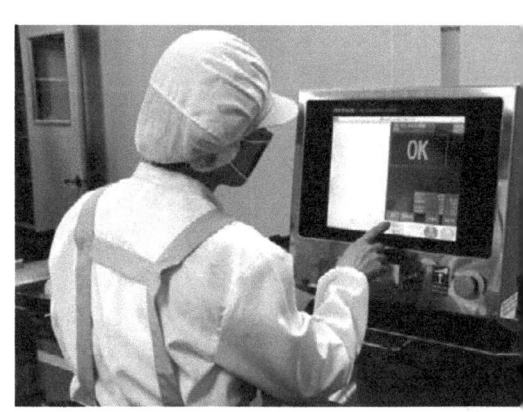

쫄깃하면서도 부드러운 질감으로 보리밥의 전형적인 거칠고 불편한 맛을 완벽하게 제거하였고, 치아가 없는 노인들도 잇몸으로만 씹어 먹을 수 있을 정도로 매우 부드럽다.

특별자치도의 연간 수출목표 1조 원에 상당한 부분을 감당하게 될 것으로 전망된다.

이미 해외에서도 그의 보리 춘화처리기술에 주목하고 있다. 지난 2018년에는 우리나라 농업인 중에서는 최초로 세계 3대 인명사전 중 하나인 미국의 '마퀴스 후스 후(The Marquis Who's Who)'에 이름을 올렸다.

보리를 단순히 밥을 짓기 위한 목적에서 그치지 않고 가공을 통해 건강식품으로 개발함으로써 부가가치를 높이고 보리 소비를 확대한 이 명인. 보리 소비를 확대함은 물론 국제유기농업운동연맹(IFOAM)의 국제 유기인증으로 탄탄한 수출을 준비해 농산물 수출의 시장개방을 확대를 꾀하고 있다. 미국 등 보리, 밀의 어린잎 시장에서도 제주홍암가의 춘화처리 보리, 밀 어린잎 제품이 당당히 맞설 그 날을 기대해본다.

관행농에서 유기농으로의 전환
순천만 청정자연을 담은 쌀

고집불통 오색미

박승호

📍 전남 순천시 해룡면 계당길
📞 061-723-0623

조상 대대로 이어져 내려온 농토에 30여 년 동안 관행농으로 쌀을 재배해 오다가
새로운 농사법과 차별화의 필요성을 느껴 유기농으로 전환해 최고농업기술명인의 반열에 오른 이가 있다.
순천의 박승호 명인이다. 박 명인의 순천시 해룡면 계당마을 논은 순천만 국가정원을 끼고 있는 천혜의 논이다.
열악한 농업의 여건을 극복하고 명품유기농산물을 만들어낸 박 명인을 만났다.

관행농에서 유기농 명품 쌀로 도약

한·중 FTA, 환태평양경제동반자협정(TPP) 등 농업환경이 급변하고 있다. 조상 대대로 내려온 땅에서 쌀농사를 평생 업으로 생각하고 농사해왔던 박승호 명인에게도 급변하는 농업환경은 부담으로 다가왔다. 가끔은 새로운 작목을 도입해 보는 걸 고민하기도 했다. 그동안 투자해왔고 기술에 자신 있었던 논농사를 저버리기는 아까웠지만 남들과 똑같은 농업으론 앞으로의 희망이 없다고 생각했다.

새로운 소득을 창출하기 위해 생각한 것은 차별화와 친환경 농업이었다. 유기농 쌀을 생산하기 위한 다양한 고민을 시작하게 됐다. 친환경 유기농 쌀을 재배해 보기로 마음먹었지만 막상 어떻게 해야 할지를 몰랐던 박 명인은 순천농업기술센터와 전국 유수의 교육기관을 아내와 함께 찾아다니며 35개에 달하는 교육과정을 수료했다. 기술습득이 가장 중요했기 때문이다.

친환경 유기농업을 위한 박 명인의 노력은 친환경 토양 관리부터 시작됐다. 땅심을 높이기 위해 미생물을 활용해 만든 EM퇴비를 10a당 300kg씩 사용했다. 지금도 박 명인은 매년 봄이면 죽초액을 만들기 위해 발효가 잘되는 산야초를 채취한다. 직접 만든 산야초 죽초액을 퇴비에 뿌려서 1년 동안 발효시킨 뒤 완숙된 퇴비를 사용한다.

해충 퇴치에도 많은 노력을 기울였다. 농약을 사용하지 않기 때문에 해충포획기를 설치해서 밤에 유아등을 켜고

대한민국 최고농업기술명인의 비법

발효가 잘되는 산야초를 매년 봄에 채취하여 죽초액 제작, 퇴비로 사용

소비자의 기호에 맞도록 포장지를 소포장화

홈페이지를 비롯해 밴드, 페이스북 등 SNS를 통해서 농산물 홍보

> 남들과 똑같은 농업으론 앞으로의 희망이 없다고 생각했다. 새로운 소득을 창출하기 위해 생각한 것은 차별화와 친환경 농업이었다.

⊛ **선정 년도 및 분야**
2015년 식량부문

⊛ **주요 품목**
유기농 쌀

⊛ **지역파급효과**
오색미 재배면적이 확대(2009년 5,940㎡에서 2013년 13.2ha), 50ha 규모에 하이아미, 홍진주, 적진주, 아랑향찰 등 특수 기능성 쌀 가공 브랜드화 시범사업 추진(해룡면 10농가 참여)

⊛ **R&D 기술접목**
미생물을 활용해 만든 EM퇴비를 10a당 300kg씩 사용하고 죽초액으로 퇴비를 사용

날아오는 해충을 유인 포획하여 잡는 방법으로 예방했다. 농약을 사용하지 않으니 재료비가 절감되는 효과도 누렸다. 박 명인만의 유기농의 품질을 높이는 비결이다.

소비자의 선택을 받는 '명품 쌀' 만들기

무엇보다도 박 명인은 쌀의 품질을 결정하는 사람은 소비자라고 판단했다. 자기만의 명품을 만들어도 소비자의 선택을 받지 못하면 물거품이라고 생각한 것이다. 소비자의 기호에 맞는 상품을 만들기 위해 '순천만농사꾼'이라는 홈페이지를 운영하고 밴드, 페이스북 등 다양한 SNS를 운영하며 농산물을 홍보했다. 그러다가 '고집불통'이라는 브랜드를 개발하고 소포장을 출시하니, 소비자의 반응은 폭발적이었다.

박 명인이 선택한 신품종은 백진주벼, 녹찰벼, 영안벼, 적진주벼, 아랑향찰 등 5품종에 달한다. 친환경 유기농 쌀을 생산하기 위해 토양관리에 중점을 두었다. 품질향상을 위해서는 먼저 품종 선택이 중요했다. 수량은 다소 떨어지지만 필수아미노산을 많이 포함하는 하이아미 품종을 선택했다. 이후 주변 유기농업 농가와도 기술교류를 꾸준히 했다.

> **Tip**
>
> **오색빛깔 쌀, 오색미**
>
> 황백색을 띠는 백진주벼는 밥이 찰지고 부드러운 것이 특징이다. 황색을 띠는 영안벼는 성장호르몬 생성에 필요한 라이신 함량이 일반 벼보다 높아 '키크는 쌀'이라고 불린다. 녹찰벼도 기존 찹쌀보다 라이신 함량이 높은 녹색찹쌀이다. 적갈색의 적진주벼는 아밀로오스 함량이 높으며 백미 아랑향찰은 향기가 나는 것이 특징이다.

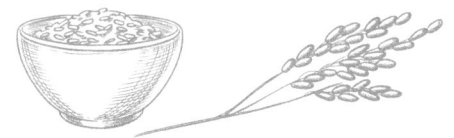

친환경 유기농업을 위한 박 명인의 노력은 친환경 토양 관리부터 시작됐다.
땅심을 높이기 위해 미생물을 활용해 만든 EM퇴비를 10a당 300kg씩 사용했다.

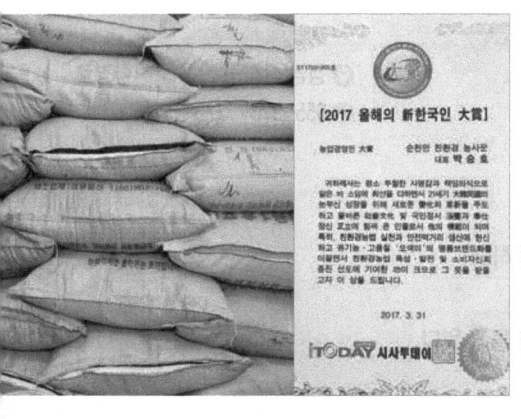

그의 노력 덕에 지난 2013년부터 2년 연속 전국으뜸농산물품평회에서 대상과 금상을 수상했다. 유기농업을 하는 도중에 좌절도 있었지만 유기농 쌀을 꾸준히 고집, 유기농 인증도 취득했다. 기능성 쌀 오색미는 '고집불통'이라는 브랜드로 상표 등록까지 마쳤다. 온라인 판매를 진행하니 소득이 1억 5,000만 원대까지 올랐다. 관행농에서 탈피한 것은 옳았던 선택이었다. 그는 친환경 농법의 육성·발전과 소비자 신뢰 증진 선도에 기여한 공로로 시사투데이에서 주최·주관한 '2017 올해의 신(新)한국인 대상'에서 농업경영인 대상을 수상했다.

최근 박 명인은 친환경농업의 전도사로서 농업인에게 농법을 전파하느라 바쁘기 그지없다. 순천농업기술센터, 한국벤처농업대학, 순천대학교 영농교육원, 전남농업기술원, 농촌진흥청 등 친환경농업 교육이 있는 곳이면 어디든지 달려갔던 박 명인. 지금은 농업인의 롤모델이 되어 자신의 노하우를 가르치고 있다.

품질 차별화에 대한 열정으로 만들어낸 대한민국 최고의 쌀 '탑라이스'

산청탑라이스

오대환

📍 경남 산청군 산청읍 친환경로
📞 055-973-7770

쌀 시장 개방확대와 수입쌀 시판에 따라 국내 쌀 산업의 위기에 대응하고
국내 쌀의 품질을 높이기 위해 2005년 처음으로 출하된 탑라이스.
그동안 품질보다는 생산량에 집중하던 국내 쌀 시장에 '품질 혁신'을 몰고 왔다.
그리고 그 중심에는 산청탑라이스 오대환 명인이 있었다.

실추된 이미지, 탑라이스로 다시 세우다

1993년, 산청쌀영농조합법인은 쌀에 대한 품질인증을 획득했다. 농협과 계약재배로 '산청농협 메뚜기쌀'이라는 브랜드를 통해 소비자들과 만나기 시작한 당시의 쌀은 상당한 호평을 받았다. 양을 늘리는 데 치중했기 때문에 상대적으로 맛이 떨어지는 쌀이 많았던 때였던 터라, 품질에 신경을 쓴 산청농협 메뚜기쌀은 고품질 쌀을 찾기 시작한 새로운 소비자들의 요구에 정확히 맞아떨어지는 제품이었다.

"저희 조합에서는 직접 트럭에 쌀을 싣고 서울로 배달을 가기도 했습니다. 커다란 아파트 단지에 차를 세우고 집마다 직접 쌀자루를 나르기도 했지요. 그만큼 인기가 높았습니다."

오대환 명인은 "세탁기가 쌀독인 줄 알고 쌀을 부어 버린 일도 있었다"며 당시를 회상했다. 하지만 호시절은 그리 오래 가지 않았다. 산청농협 메뚜기쌀의 인기가 높아지자 다른 지역에서 생산된 저품질 쌀에도 '메뚜기쌀'이라는 이름을 사용했기 때문이다. 산청에서 재배된 벼, 그리고 쌀에 대한 인식이 안 좋아진 것은 당연한 일이었다. 오대환 명인은 이러한 위기를 품질로 돌파하겠다는 결심을 했다. 그리고 2006년, 그는 마침 농촌진흥청에서 주관하는 탑라이스 프로젝트의 소식을 접하게 됐다.

대한민국 최고농업기술명인의 비법

- 대한민국 최고의 쌀을 만들겠다는 열정
- 철두철미한 친환경 영농 관리
- 판로 확보를 위한 다양한 노력

탑라이스가 되기 위해서는 <u>단백질 함량 6.5% 이하, 완전미 비율 95% 이상, 품종순도 98% 이상 등의 엄격한 기준을 충족시켜야 한다.</u> <u>오대환 명인은 스스로 한 가지 조건을 더 붙였다. 무농약 농법이었다.</u>

◈ 선정 년도 및 분야
2016년 식량부문

◈ 주요 품목
쌀

◈ 지역파급효과
친환경 녹지 복원, 고령자의 영농일지 작성을 위한 중간 관리자제도 운영. 수매가보다 높은 수익 창출

◈ R&D 기술접목
전국 탑라이스 중 최초로 친환경 유기농산물 품질인증과 무농약 품질인증 획득. 저탄소 녹색인증. GAP 인증. 차별화된 생산 및 가공. 다양하고 적극적인 미디어 홍보활동. 직영 전문식당 개설. 소비자 직거래 판촉활동

"제일 먼저 눈에 들어온 것은 지원금이었습니다. 적지 않은 액수의 지원금과 함께 새로운 도전을 할 수 있다면 충분히 승산이 있을 거라 생각했던 것이지요."

탑라이스가 되기 위해서는 단백질 함량 6.5% 이하, 완전미 비율 95% 이상, 품종순도 98% 이상 등의 엄격한 기준을 충족시켜야 한다. 그런데 오대환 명인은 스스로 한 가지 조건을 더 붙였다. 무농약 농법이었다.

"농약이나 비료에 대해서는 제약이 명시돼 있지 않았어요. 다시 말해 농사를 짓는 사람들 입장에서는 할 수 있는 최선을 다하라는 뜻이었습니다. 그리고 저는 무농약을 저의 경쟁력으로 삼아 농사를 짓기 시작했지요."

주위에서는 그런 오대환 명인의 선택을 쉽게 이해하지 못했다. 품질로 승부를 거는 농업에 대한 이해가 아직 낮은 상태였기 때문이다.

> **Tip**
>
> **탑라이스**
>
> 품질 기준 없이 생산되는 전국 쌀 유통시장을 바로잡고, 수입 쌀의 국내 시판에 대비해 경쟁우위를 선점하기 위해 농촌진흥청에서 개발한 품종. 소비자가 전국 어디서나 신뢰할 수 있는 품질의 쌀을 접할 수 있도록 브랜드 명칭을 전국 단위로 사용하고 있다.

메뚜기쌀, 청와대 밥상에 오르다

"산청의 농업 인구는 그 평균 연령이 80세에 이릅니다. 46년생인 제가 가장 젊은 축에 속할 정도로요. 그러니 무농약, 유기농 인증을 받는 데에 반드시 필요한 영농일지를 작성토록 하는 일이 가장 힘이 들 수밖에요."

현재 산청탑라이스 단지의 최고 책임자인 오대환 명인은 누구보다 철두철미한 영농관리자이기도 하다. 각 영농단지마다 중간관리자를 두어 그들로 하여금 영농일지가 제대로 작성되고 있는지 꼼꼼하게 점검하도록 했다. 아울러 산청탑라이스 단지에서 조합원 자격으로 농사를 짓고 있는 사람들은 '모든 농자재는 오대환 대표가 분배한 것만 사용하고 일체의 화학 비료나 농약을 사용하지 않는다'는 내용의 각서에 서명을 했다. 만약 이와 같은 약속을 어길 시 조합원 자격을 박탈당함은 물론 민형사상 책임을 감수한다는 내용도 포함돼 있다.

**늘어난 것은 비단 경제적 이익뿐만이 아니다.
멸종됐다 여겨졌던 긴꼬리투구새우가
탑라이스 생산지에서 발견된 것이다.
깨끗한 곳임을 증명하는 환경지표생물이기에
그 발견은 큰 의미가 있었다.**

이런 엄격한 관리 덕분에 명인의 탑라이스는 청와대까지 납품되었다.

"제대로 된 노력이 있어야 제대로 된 품질의 벼와 쌀이 나옵니다. 좋은 쌀이라면 수매가보다 더 높은 수익을 올릴 수 있어요. 실제 저희 조합원은 40kg 가마 기준, 수매곡보다 17,000~20,000원은 더 높은 수익을 올리고 있습니다."

늘어난 것은 비단 경제적 이익뿐만이 아니다. 그동안 국내에서 멸종됐다 여겨졌던 긴꼬리투구새우가 탑라이스 생산지에서 발견된 것. 가장 깨끗한 곳임을 증명하는 환경지표생물이기에 그 발견은 큰 의미가 있었다.

"최초 탑라이스 프로젝트는 추정쌀과 함께 시작됐습니다. 아키바레라는 이름으로 익숙한 일본 품종이죠. 하지만 이제 국내에서 개발한 신품종 쌀들의 품질도 상당히 좋아졌습니다. 현재 시험재배 중인데, 앞으로는 국산 품종의 재배 면적을 점점 늘려 명실상부 국내 최고의 탑라이스를 생산하겠습니다."

종자 강국 이끄는
건강한 감자

왕산종묘

권혁기

📍 강원 강릉시 왕산면 백두대간로
📞 033-647-4343
🌐 www.wsgamja.com

여러 종류의 씨감자를 다루는 명인의 밭에는 피는 꽃도 여러 가지다.
취급하는 씨감자의 종류가 무려 13가지나 되는데, 세 가지 종자를 직접 만들었다. 단오와 백작, 왕산이다.
고유 종자를 가지고 있어야 농업인으로서도 경쟁력이 있고, 국가도 농업 강국이 된다는 신념 하에
권혁기 명인이 계속 종자를 개발하고 좋은 씨감자를 생산하기 위해 노력한 결과다.

명인의 고유종자 단오, 백작, 왕산

처음엔 다른 농가처럼 무나 배추 같은 고랭지 채소 농사를 짓고 보급종 감자를 심었던 명인은 IMF를 겪으며 농사에 대한 생각을 바꾸었다. 당시 우리나라의 많은 종자들이 외국으로 넘어갔고, 농촌에서는 외국에 지불해야 하는 로열티가 급격히 올랐다. 종자 값이 오르니 자연히 농산물 소비자가도 올랐다. 명인은 강릉의 기후 특성을 잘 이용할 수 있으면서도 농촌과 소비자 모두에게 도움이 되는 작물이 무엇일지 고민했다. 그렇게 농사를 시작하고 고유 종자를 만들어나갔다.

처음 만든 종자는 단오로, 미국 수입종인 수미를 대체하는 것이 목표였다. 이름은 강릉의 단오축제에서 따왔다. 일본 수입종인 남작 감자의 단점을 보완하여 만든 종자에게는 백작이라는 이름을 주었다. 동그란 모양의 왕산 감자는 농장이 있는 지역명을 땄다. 명인은 정식 출원한 자체개발품종을 포함해 농촌진흥청과 통상실시권 계약을 한 새봉, 홍영, 자영 품종과 그 외에 금서, 조풍, 수미, 두백 남작 등의 품종을 판매하고 있다.

명인이 개발한 품종은 모두 기존 종자의 단점을 보완하고, 농업인들이 더 편하게 농사짓고 더 많이 수확할 수 있도록 만든 것이다. 이런 노력을 인정받아 2017년, 농촌진흥청은 그를 대한민국 최고농업기술명인 식량작물 분야 명인으로 선정했다. 2020년에는 농림축산식품과학기술발전 기술보급 유공 대통령 표창을 수상했다.

대한민국 최고농업기술명인의 비법

파종부터 세세한 관리로 수확량을 높임

요리법에 맞는 감자를 소개해 다양한 소비자 니즈 충족

계절별 연작과 여러 종자를 섞어 보급해 농업인 수익 제고 및 안정성 확보

> 강릉의 기후 특성을 잘 이용할 수 있으면서도 농촌과 소비자 모두에게 도움이 되는 작물이 무엇일지 고민했다. 그렇게 고유 종자를 만들어나갔다.

◎ 선정 년도 및 분야
2017년 식량부문

◎ 주요 품목
씨감자

◎ 지역파급효과
7품종 씨감자 6,000톤을 전국 농가에 보급, 종자 개발로 식량 주권 확보에 기여

◎ R&D 기술접목
강릉원주대학교 생명과학대학 식물생명과학과 조직배양실 MOU 체결로 조직배양부터 보급종 단계까지 생산, 관리

정성으로 짓는 씨감자 농사

씨감자 농사는 일반 감자 농사와 달리 비용도 더 들어가고 품도 더 많이 든다. 감자 농사에 가장 큰 적은 진딧물인데, 진딧물이 옮기는 바이러스가 씨감자에 치명적이기 때문이다. 일반 식용감자의 경우 진딧물 피해가 있어도 상품성에는 큰 지장이 없다. 그러나 밭에 심는 씨감자는 다르다. 바이러스에 감염된 씨감자는 제대로 자라지 못하는데, 감자는 겉만 봐서는 구분이 쉽지 않다. 그래서 명인은 씨감자를 심는 단계에서부터 진딧물을 차단하는 데에 온 힘을 기울인다. 감자를 심고 바로 그 위를 진딧물이 통과하기 힘들만큼 촘촘한 망으로 덮는다. 밭에 한 번 망을 치고 나면 수확할 때까지 걷지 않기 때문에 물을 주거나 약을 치기가 많이 번거롭지만, 건강한 씨감자를 만든다는 일념으로 끝까지 정성을 다한다.

권혁기 명인은 2018년부터 새로운 프로젝트를 시작하고 있다. 시금치로 유명한 비금도에 가을 씨감자를 심는 것이다. 겨울에도 영하로 잘 내려가지 않는 비금도의 기후가 씨감자 농사에 적합하다 판단했다. "비금도 시금치가 2월경 나오는데, 그 뒤 7월까지 대체작물이 마땅치 않습니다. 이 시기가 딱 감자 심기에 좋지요." 한 작물을 오래 농사짓는 경우 점점 수확량이 줄어들고 병해충이

> **Tip**
>
> ### 종자의 중요성
>
> 종자는 식량, 농업, 임업, 육종의 수단이기도 하며 최근에는 생물산업의 원천소재로도 사용된다. 특히 작물종자는 특허권을 보유한 기업이나 국가에 로열티를 지불해야 사용이 가능하다. 종자는 생물다양성 보존과 국가 경쟁력 강화, 우리의 삶을 위해 지키고, 개발해야 하는 자원이 됐다.

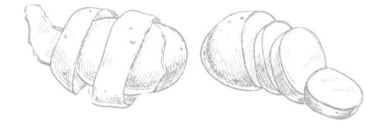

밭에 한 번 망을 치고 나면
수확할 때까지 걷지 않기 때문에
물을 주거나 약을 치기가 많이 번거롭지만,
건강한 씨감자를 만든다는 일념으로
끝까지 정성을 다한다.

늘어 연작장해가 생길 수 있는데, 해마다 시금치를 심던 비금도 밭에 감자를 심어 이를 예방할 수 있다. 또한 시금치 농사를 쉬는 기간에 감자를 심기 때문에, 농업인들의 새로운 수익도 찾을 수 있게 된다.

권혁기 명인은 채종포가 없는 지역에는 채종포를 만들고 작목반을 활용하며 지역 주민들과 돌려짓기 농업 체계를 만들어가고 있다. 주변 농가도 돌려짓기로 인한 소득증가 효과를 기대할 수 있게 된 것이다.

"농사 잘 짓고 소득이 더 늘면 당연히 좋겠지만, 지역 주민들 모두와 함께 잘 되는 것이 훨씬 더 좋습니다. 지역 주민들의 삶의 질도 올라가고, 동네 분위기도 좋아지죠."

조합을 통해 주곡의 가치를 발견하고 지키다

한마음영농조합법인

장수용

📍 전북 김제시 부량면 벽골제로
📞 063-545-9366

2018년 12월, 한마음영농조합법인 장수용 대표는 '대한민국 최고농업기술명인'으로 선정되었다.
쌀농사에 대한 애정을 가지고 애쓰고 힘썼던 것이 성과를 냈다.
이웃농가들과 조합을 구성해서 함께 성장하겠다는 목표를 16년이란 긴 시간 동안 차근히 이뤄냈다.
쌀 농가에 새로운 길을 보여주고 상생의 길을 걸어온 장수용 명인을 만났다.

실농, 계약재배의 씨앗이 되다

장수용 명인의 첫 쌀농사는 완전한 실패였다. 비료를 너무 많이 줬더니 영양이 과해 벼들이 다 쓰러졌다. '경험상 이러이러하면 된다'는 농사 선배들의 말을 곧이곧대로 받아들였던 것이 원인이었다. 그즈음, 장수용 명인은 제대로 된 농사 기술이 필요하다는 것을 느꼈다. 농사를 잘 지을 수 있는 기술, 쌀의 부가가치를 높일 수 있는 기술과 방법. 경험에 의지해서 농사를 하기 보다는 자신만의 기술을 가지고 싶었다. 지역 농업기술센터, 농촌진흥청, 농업기술원을 다니며 이론과 실무를 배웠다. 오로지 쌀농사를 잘 짓고 주변 농가들과 함께 잘살아 보고자 하는 마음이었다.

이렇게 받은 교육이 장수용 명인에게 좋은 기회를 주었다. 1990년대 후반에 했던 직파 실험을 시작으로 지금까지도 계속 농촌진흥청과 함께 현장 실험을 하고 있다. 이를 시작으로 다른 기관과도 함께 일을 하게 되었다. 새로운 기회가 많다는 것을 알게 된 장수용 명인은 영농조합을 구성해 다른 농가도 이 같은 일에 참여할 수 있도록 했다.

2004년, 장수용 명인은 한마음영농조합법인을 만들었다. 조합이 기관과 함께 일을 하기 위해서는 체계와 규모를 갖춰야 했다. 30대 중반이었던 그에겐 결코 쉽지 않은 일이었다. 명인은 조합을 구성해서 채종단지도 만들고, 기관에서 하는 농업기술 실험에 함께하자고 이웃 농가를 설득했다. 그들의 신뢰를 얻는 게 관건이었다.

대한민국 최고농업기술명인의 비법

- 고품질 벼, 보리 종자 채종 기술 보유
- 유색미 단지 조성과 기능성 특수미 보급 활성화에 기여
- 시범재배에 적극 참여하고 이를 통한 노하우를 이웃 농가와 활발히 교류

> 새로운 기회가 많다는 것을 알게 된 장수용 명인은 영농조합을 구성해 다른 농가도 참여할 수 있도록 했다. 그리고 한마음영농조합법인을 만들었다.

- **선정 년도 및 분야**
  2018년 식량부문
- **주요 품목**
  쌀
- **지역파급효과**
  조합을 꾸리고 채종단지를 조성해 이웃 농가와 함께 상생하는 공동 농업 지속
- **R&D 기술접목**
  일반미보다 3~5배 높은 소득을 올릴 수 있는 특수미 재배

주식(主食)의 가치를 이어가다

다행히 농사는 1년을 주기로 하는 일이라 실적을 보여주는 데는 오래 걸리지 않았다. 한 해 정부기관과 계약을 맺어 농사를 짓고 조합으로서 어떤 일을 할 수 있는지 보여주니 장수용 명인의 말이 입증되었다. 일반 벼 농사를 짓는 것보다 소득도 높았고 계약에 따라 논도 효율적으로 활용할 수 있게 됐다. 그렇게 5~6년 꾸준히 진정성을 가지고 농가에 다가갔다. 지금은 스물여덟 농가가 함께 조합을 이루고 있다. 조합에 있는 농가들은 종자를 생산하고 채종해서 기관에 납품하는 계약재배를 한다. 일반 벼를 재배하는 것과는 다르게 좀 더 까다로운 규격에 맞게 생산하고 있다. 이렇게 생산하면 일반미보다는 약 20% 이상 높은 가격을 받을 수 있다.

일부 논에는 특수미를 재배한다. 수량은 일반미보다 적지만 상품화했을 때 쌀보다 3~5배가량 높은 소득을 올릴 수 있다. 장수용 명인의 조합에서 함께하는 농가들은 국내 영농 기술 발전에 기여하고, 좋은 종자를 만들어 내는 데 일조하고 있다. 조합원들은 국민 건강에 도움이 되는 작물을 공급한다는 자부심을 갖게 됐고 소득도 어느 정도 보장받게 됐다. 장수용 명인은 어려운 쌀 농업 현장에서 이렇듯 모두에게 좋은 길을 개척했다.

> **Tip**
>
> **농가 살리는 계약재배**
>
> 특정한 수량과 품질의 농산물을 특정한 가격에 특정한 방법으로 인수한다는 계약을 맺은 뒤에 농산물을 재배하는 방법. 농가는 안정적인 납품처를 확보하게 되고, 계약자는 유통단계 비용을 절감하고 차별화된 품질의 농산물을 얻을 수 있다.

<u>조합에 있는 농가들은 일반 벼를 재배하는 것과는 다르게 좀 더 까다로운 규격에 맞게 계약재배로 쌀을 생산하고 있다. 이렇게 생산하면 일반미보다는 약 20% 이상 높은 가격을 받을 수 있다.</u>

"쌀로 지은 밥을 먹는 우리나라 식문화가 지켜졌으면 좋겠어요. 우리나라 작물에도 다이어트, 몸매관리에 도움이 되는 것들이 있거든요. 요즘은 서양의 잡곡이 유행처럼 번져서 국내 작물은 영 뒷전으로 밀려나는 기분이에요."

명인은 앞으로 쌀을 원재료로 한 음식을 다양하게 만들고, 많은 사람들에게 홍보하는 일에도 힘을 쓰려고 한다. 긴 시간 타 작물에 눈을 돌리지 않고 오로지 쌀농사에 매진한 조합원들과 함께 능동적으로 국내 쌀 시장을 키워내려고 준비하고 있다. 밥에 한정되어 있는 쌀에 대한 인식을 다양하게 바꾸고, 8월 18일 쌀의 날을 더 홍보하고 싶다.

우리가 먹는 것은 곧 우리의 몸을 이룬다. 국내 소비자들이 국내에서 생산된 음식 섭취를 선호하는 문화가 자연스럽게 자리 잡고, 우리 음식을 통해 건강을 유지하려는 문화가 더욱 확산되는 것이 명인의 작은 바람이다.

고품질 블렌딩 쌀시장 개척으로 지역상생을 모색하다

장양영농조합법인

이호영

📍 충북 진천군 이월면 송림7길
📞 043-537-4895
🌐 www.choigossal.com

최근 소비자의 기호와 요구에 맞춘 '블렌딩 쌀'이 주목을 받고 있다.
일반미보다는 개성 있는 밥맛과 다양한 기능을 갖춘 쌀을 찾는 소비자가 늘고 있기 때문이다.
충북 진천에서 장양영농조합법인을 운영하며 일찌감치 고품질 블렌딩 쌀 시장개척에 나선 사람이 있다.
우리 벼 품종을 활용해 소비자 기호에 맞는 최적의 쌀 혼합 기술을 연구하며 블렌딩 쌀을
지속적으로 발굴해 온 주인공, 이호영 명인을 만나본다.

우리 입맛에 맞는 블렌딩 쌀 기술개발로 개척

"일반인에게는 아직 생소한 '블렌딩 쌀'은 '쌀과 쌀' 또는 '쌀과 잡곡' 등 혼합된 쌀을 의미합니다. 현재 통용되고 있는 '혼합미'와는 구별됩니다. 블렌딩 쌀은 밥맛과 영양, 기능성 등을 높인 고품질 쌀을 의미하는 반면, 혼합미는 품종 간 혼합의 의미로 통용되고 있지요. 요즘 가정이나 학교급식에서도 수요가 늘고 있고, 밥에 혼합하는 재료도 다양화 되는 등 앞으로 블렌딩 쌀에 대한 수요가 크게 확대될 것으로 전망됩니다."

이호영 명인이 쌀을 연구하게 된 계기는 1995년 해외연수 차 미국의 농산물 생산지, 가공공장, 유통시장을 두루 견학하는 기회를 가지면서부터다. 당시만 해도 국내 농가들은 농산물 수입개방에 따른 돌파구를 찾던 어려운 여건에 놓여 있었다. 견학을 마치고 돌아온 이 명인은 쌀의 고부가가치를 위한 쌀 가공과 유통에 관한 연구를 시작하였다.

그러다가 2010년 그는 우리 음식문화에 맞는 밥맛을 내기 위해 쌀 블렌딩을 본격적으로 연구하기 시작했다. 쌀밥에 대한 소비자 선호도를 조사해본 결과, 한국인은 찰지고 기름지며 누룽지 향이 나면서 밥이 식었을 때 쫄깃한 식감을 선호한다는 것을 알아냈다.

또한, 국가별·음식문화별·용도별로 소비자가 찾는 밥맛과 식감이 제각각 다르다는 것을 파악하였다. 이러한 데이터를 토대로 그는 자신만의 쌀 시장개척에 나선 것이다.

대한민국 최고농업기술명인의 비법

단백질 함량과 아밀로오스 함유율의 최적 배합

곡물 혼합장치 개발

공동생산단지 설립으로 유통 다변화

2011년에는 블렌딩 기술로 특허가 등록되었다. 하지만 이상적인 비율로 배합할 수 있는 장비가 당시 국내에는 없어서 2년여의 연구 끝에 혼합 장치를 자체 개발하였다.

- **선정 년도 및 분야**
  2019년 식량부문
- **주요 품목**
  블렌딩 쌀
- **지역파급효과**
  개성 있는 밥맛과 다양한 기능 분석 연구
- **R&D 기술접목**
  쌀 품질의 과학적 영농 실현

곡물 혼합장치 개발로 최적의 쌀 생산

명인은 국내에서 개발된 반찰품종으로 쌀 블렌딩을 시도해 소비자가 선호하는 찰기와 가마솥 향이 풍기는 밥맛을 재현하는 '미질 향상을 위한 쌀의 혼합방법' 기술 개발에 성공, 2011년 특허를 등록했다.

"최고의 밥맛을 내기 위해서는 일반미, 반찰, 향미, 추청 각각의 품종을 50:25:15:10으로 블렌딩하였습니다. 우리 입맛에 맞게 단백질 함량과 아밀로오스 함유율을 맞추는 것이 제가 개발한 기술의 핵심입니다."

블렌딩 기술을 개발했지만 당시 국내에는 이상적인 비율로 쌀을 배합할 수 있는 장비가 없었다. 이에 명인은 2년여의 연구 끝에 곡물 혼합장치를 자체 개발했다. 명인이 고안한 곡물 혼합장치는 원하는 비율에 따라 정확한 수치로 토출량을 조절할 수 있을 뿐만 아니라 연속적으로 혼합이 가능해 작업 속도를 현저히 높일 수 있다는 장점이 있다. 현재 이 장치를 이용하여 '맛있게 특허 받은 쌀'과 '입에 반한 쌀'이라는 브랜드로 소비자 기호에 맞춘 블렌딩 쌀을 생산 판매하고 있다. 쌀 블렌딩 기술로 농업인들은 특수미를 계약 재배하여 판로 걱정 없이 농업에만 전념할 수 있게 된 것이다. 명인은 생산에만 그치지 않고 부가가치를 높일 수 있는 쌀 가공 연구에 꾸준히 몰두하고 있다. 그 결과 개발한 것이 미강 분말이다. 미강은 정백미의 부산물이지

> **Tip**
>
> ### 변화하는 쌀 소비 행태
>
> 한국농촌경제연구원의 지난 2018년 조사에 따르면 지금까지의 쌀 소비 행태는 백미 위주였으나 현미, 찹쌀, 흑미, 잡곡 등으로 구입 빈도가 높아지고 있으며 밥 먹는 행태도 소득이 증가함에 따라 백미밥 소비 비중이 대체로 감소하는 특징을 보이는 것으로 나타났다.

<u>최고의 밥맛을 내기 위해서는
일반미, 반찰, 향미, 추청 각각의 품종을
50:25:15:10으로 블렌딩하였습니다.</u>

만 쌀의 영양분 40~45%가 미강에 존재할 정도로 영양학적으로 우수한 재료다. 비타민 A, B1, B6, E, 미네랄 등 다양한 영양소와 풍부한 섬유질을 함유하고 있어 명인은 미강이 건강보조식품과 미용재료로 응용이 가능할 것으로 판단했다. 200℃의 고온에서 볶고 말렸을 때 기능성 성분이 가장 높게 유지된다는 것을 밝혀낸 명인은 미강을 고운 분말 가루 형태로 가공했다. 밥이나 국, 나물 요리에 넣어 먹을 수 있고 미용 목적으로도 활용이 가능하다.

이처럼 명인은 단순히 쌀의 상품성에 대한 경쟁보다는 각종 연구를 통한 데이터를 활용해 과학적 영농을 추구하며 신기술 도입에 적극적으로 참여하고 있다. 특수미 분야 회장을 역임한 그는 특수미 신품종 재배단지 조성 및 상품화에도 앞장서는 등 특수미 생산기술 교류에 앞장서고 있다. 명인의 이 같은 노력은 농가 소득 증대와 후계농과 귀농인들의 소득안정을 위한 멘토링 역할로 이어지면서 지역 농업인과의 상생이라는 시너지 효과를 얻고 있다.

35년간 이어온 콩 품종개량, 스마트팜으로 한 걸음 앞서가다

더불어사는농장

김복성

📍 전북 고창군 공음면 공음대산로
📞 063-562-5642

고창군 공음면에서 '더불어사는농장'을 운영하는 김복성 대표.
그는 2020년 신지식농업인에 이어 식량분야 최고농업기술명인으로도 선정된 '콩의 달인'이다.
35년간 이어온 콩의 품종개량을 통해 높은 부가가치를 창출하고 농업인들의 본보기가 되고 있어
그 공로를 인정받은 것이다. 그의 영농 비결과 농군으로서의 소신을 들어본다.

다수확과 뛰어난 품종 개발을 위해 달려온 35년

김복성 명인은 지난 2009년 여름 풍원 콩을 모본으로 하고, 풍산 콩을 부본으로 하여 인공교배를 실시하였다. 기존의 콩나물 콩보다 작으면서 재배 특성과 수확률이 뛰어난 품종을 육성하기 위해 고민 끝에 내린 결정이었다. 2010년부터 2013년 사이에는 집단 선발을 계속하였으며, 2014년에 36계통을 계통별로 파종하여 가을에 수확률이 높은 개체를 최종 선발하게 되었다.

그 첫 번째 개량종에 '소은(Soun)'이라는 이름을 붙이고 2018년 국립종자원에 품종보호 출원했다. 소은은 2019년부터 보급종으로 전국 콩 재배 농가에 대량 보급되고 있다. 이후에도 명인은 '소찬(Sochan)', '소복(Sobok)' 두 개량종을 연이어 품종보호 출원하여 2020년부터 전국적으로 보급하고 있다.

"더 좋은 품종을 얻기 위해 끊임없이 연구하는 게 제 농사의 비결입니다."

그가 이러한 품종을 개발하게 된 계기는 20년 전으로 거슬러 올라간다. 2000년 당시에는 보리와 콩의 소규모 농가가 줄고 있었다. 한편으로는 10ha 이상의 비교적 넓은 면적을 경작하는 젊은 농군들이 생김으로써 서로 영농 정보를 교환하고 보리와 콩 농사에 사용하는 농기계를 공동으로 이용하는 걸 보면서 자극을 받은 것이다.

대한민국 최고농업기술명인의 비법

품종 개발과
높은 부가가치 창출

생산 · 가공 · 출하 등
전반에 기계화 추진

끊임없는 연구를 통해
콩 산업육성에 일조

명인은 소은(Soun), 소찬(Sochan), 소복(Sobok) 등 세 가지 계량종을 연이어 품종보호 출원했다. 이들 계량종은 현재 국내 콩 재배 농가에 보급되고 있다.

❂ 선정 년도 및 분야
2020년 식량부문

❂ 주요 품목
콩

❂ 지역파급효과
36계통별 파종으로 수확률이 높은 개체를 최종 선발

❂ R&D 기술접목
품질 좋은 콩을 전국 농가에 대량 보급

"이제 우리 농업인도 새로운 흐름에 관심을 가져야 한다는 걸 느꼈어요. 점차 선진화되고, 첨단화되고, 규모가 커지는 그러한 추세에 맞게 끊임없이 연구하는 것만이 성공하는 농업인이 될 수 있다고 깨달은 거죠."

스마트팜 시대, 농업이 변해야 승산 있어

김복성 명인은 농업계 고등학교를 졸업하고 군 복무를 마친 후 1985년 농업에 입문하였다. 하지만 학교 다닐 때 이미 실습 위주의 공부를 한 터라 농사일이 그리 낯설지는 않았다. 어느 정도 보장된 경찰공무원직을 마다하고 힘든 농사일에 뛰어들 정도면, 어쩌면 농군의 자질을 갖고 있었는지 모른다.

"1985년 농사를 시작하려고 준비하다 보니 임대료가 너무 비싼 거예요. 어쩔 수 없이 황무지나 다름없는 땅 3,000평을 겨우 확보해서 밭을 일구기 시작했어요. 처음에는 땅콩과 고추를 반반 심었어요. 땅콩과 고추는 제가 중학교 다닐 때부터 남의 밭에서 해 본 경험이 있어서 쉽게 선택했죠. 그런데 첫해에 땅콩은 굼벵이가 다 갉아 먹고 고추는 탄저병으로 1년 내내 결과가 좋지 않아 망치고 말았어요. 의욕과 패기만으로 농사짓는 게 아니란 걸 그때 알았습니다."

> **Tip**
>
> **스마트팜**
>
> 정보통신기술(ICT)을 활용해 시간과 공간의 제약없이 원격 혹은 자동으로 작물의 생육환경을 관측하고 최적의 상태로 관리하는 과학 기반의 농업방식이다. 농산물 생산량 증가는 물론 노동시간 감소를 통해 농업 환경을 획기적으로 개선하고 수확 시기와 수확량 예측뿐만 아니라 품질과 생산량도 높일 수 있다.

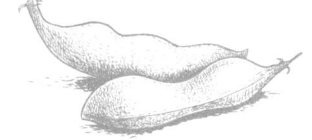

> 이제는 농업인이 농사만 지어서는
> 성공할 수 없어요.
> 변화하는 시대에 맞게 우리 농업인도
> 바꿔어야 합니다.
> 그래야 승산이 있어요.

다음 해부터 명인은 작물 선택에 신중을 기할 수밖에 없었다.

"작물 선택에 많은 고민을 했습니다. 경작하기 쉽고 농지 이용률이 높으면서 병충해 방제가 쉬운 작물이어야 하고, 판로 면에서는 소비층이 다양하고 정부의 수매로 판로 확보가 용이하다는 점에서 여름작물로는 콩, 겨울 작물로는 보리를 택한 거죠."

김 명인은 1986년부터 지금까지 보리와 콩만 재배하여 지금은 210ha(630,000여 평)로 단일 농가로서는 전국에서 가장 많은 양의 콩을 생산하고 있다. 또한, 사람 대신 기계가 일하는 스마트팜이 급속도로 확산되면서 명인도 그러한 추세에 맞춰 생산·가공·출하 등 농산물 전반에 걸쳐 기계화를 추진하고 있다.

"이제는 농업인이 농사만 지어서는 성공할 수 없어요. 변화하는 시대에 맞게 우리 농업인도 바꿔야 합니다. 그래야 승산이 있어요."

농업의 미래를 만나다
대한민국 최고농업기술 명인
56人

채소

54
자연 그대로의 취나물
삼마사농장 이종현 명인

58
끊임없는 연구개발로
제 2의 우장춘 박사를 꿈꾸다
석정농장 이석변 명인

62
딸기분야 그랜드슬램을 달성하다
봉농원 류지봉 명인

66
마늘의, 마늘에 의한,
마늘을 위한 단 한명의 명인
이진우 명인

70
품질 확보로 논산 쌈채소의
판로를 열다
영환농장 김영환 명인

74
우직함으로 키워낸 붉은 열매
미래 농업을 더욱 건강하게
봄춘농장 강동춘 명인

78
상생으로 성주참외를 발전시키다
다온농장 이명화 명인

82
꺾이지 않는 도전으로 확립한
한국형 딸기 재배 모델
김수현 명인

86
보타리(Botari) 농법으로
제주 친환경 생태농업을 실현하다
제주보타리팜 김형신 명인

90
분화촉진기술로 조기수확과
고소득의 길을 열다
석정딸기농원 한민우 명인

자연 그대로의 취나물

삼마사농장

이종현

📍 경남 고성군 하일면 공룡로
📞 055-673-1011

경남 고성군에서 50여 년, 강산이 5번이나 바뀌는 긴 세월동안 고향을 지키며
묵묵히 농사를 짓고 있는 이종현 대표. 그는 베테랑 농사꾼이자 아이디어 뱅크이다.
이 대표가 개발한 취나물 '오니취(ONICHWI)'는 2008년 2월에 상품등록을, 2009년 2월에 특허를 출원했다.
또한 빗물 활용 시스템을 개발하는 등의 성과로 채소분야 대한민국 최고농업기술명인에 선정되었다.

자연이 준 선물, 취나물

전국 최대 취나물 단일 생산단지인 고성에 위치한 삼마사농장 이종현 명인은 고성에서 취나물이 잘 자라는 이유가 천혜의 자연 환경이라고 말한다. 취나물이 병해충에 강하다고는 하나 다른 작목과 비교하여 상대적으로 강하다는 의미이지 재배과정을 들여다보면 '농업인의 정성' 없이는 불가능한 일이다. 파종에서 수확까지 모든 과정을 산에서 자생하는 취나물의 생육 환경과 유사하게 만든다. 취나물이 자생하는 산의 흙을 가져와 미강과 황토발효퇴비를 섞어 미생물 퇴비를 만들어 왕겨숯과 함께 1년에 1회 밑비료로 시비한다. 그리고 쑥·미나리·칡순 50%와 흑설탕 50% 비율로 숙성시켜 성장속도를 조정하는 비료로 사용하고 있다.

"제가 추구하는 농법은 재배과정에 사용되는 모든 농자재를 직접 만들어 사용하는 생명환경농업이죠. 이는 농업인의 노력 없이는 절대 불가능해요. '국민의 건강한 먹을거리 생산'이라는 사명감과 목표를 가지고 더 부지런히 농사 짓고 있습니다."

대한민국 최고농업기술명인의 비법

- 소비자의 선호도에 맞춘 신품종 취나물 '오니취' 개발
- 빗물 활용 시스템 개발
- 주문 후 도정으로 쌀의 신선도를 높여 소비자의 입맛을 사로잡음

오니취는 일반 취나물과 비교하여 줄기가 붉은 것이 특징이며, 잎이 더 두껍고 광택이 나며 향이 진하다.

선정 년도 및 분야
2010년 채소부문

주요 품목
취나물

지역파급효과
일반 취나물의 푸른 줄기와 다른 붉은색 취나물인 '오니취' 품종 개발, 산에서 줄기가 붉은 취나물만 채취하고 자연교잡해 변이종을 개발하여 2008년 상품등록, 2009년 특허출원

R&D 기술접목
취나물을 재배하는 과정에서 사용되는 모든 농자재를 직접 만들어 사용하는 생명환경농업을 추구하는 새고성취나물작목회를 조성해 전국 최대 취나물 단일 생산단지 조성에 일조

안토시아닌 성분이 풍부한 '오니취' 개발

이 명인의 하우스에서 자라고 있는 취나물은 일반 취나물의 푸른 줄기와 달리 붉은색이다. 그가 직접 개발한 품종 '오니취(ONICHWI)'다. 붉은 색소에 안토시아닌 성분이 많다고 알려지면서 소비자 문의가 늘었다. 산에서 줄기가 붉은 취나물만 캐어 자연교잡해 변이종을 발견했고, 이를 2008년에 상품등록, 2009년 특허출원하였다. 오니취는 일반 취나물과 비교하여 줄기가 붉은 것이 특징이며, 잎이 더 두껍고 광택이 나며 향이 진하다. '오니취'의 ON은 OFF의 반대말로 '연결한다', I는 '나', 취(CHWI)는 취나물의 '취'와 사람이 가장 기분 좋은 상태를 의미하는 말이다. 나 자신을 취나물로 가장 기분 좋은 상태로 연결한다는 뜻이다. '국민의 건강한 먹을거리를 생산한다'라는 사명감을 또 다시 엿볼 수 있는 상표다.

> **Tip**
>
> **반제품 아이스팩**
>
> 명인은 신선한 제품을 소비자에게 공급하고자 직접 아이스팩을 개발해 국내에서는 처음으로 채소류 유통에 아이스팩을 사용했다. 비싼 완제품 아이스팩은 농가에 부담이 된다고 생각하여 업체와 상의한 후 개발했다고 한다. 이 아이스팩으로 명인은 비용을 1/10 절감할 수 있었다.

아이디어 뱅크, 빗물을 활용하다

"비가 오고 나면 농작물이 쑥쑥 자라는 걸 보면서 빗물에도 영양분이 있다고 생각했어요. 하우스 내부를 자연과 똑같은 환경으로 조성하면 더욱 건강한 취나물 생산이 가능하다고 생각해 빗물 활용법을 연구했어요."

하우스마다 배관을 설치하여 빗물을 한 곳에 모은 다음 낙엽, 부유물 등의 불순물을 제거한다. 이 빗물을 하우스 내부에 설치한 폭포로 흘려보내 바닥의 돌로 떨어트린 후 하우스 바닥의 탱크에 저장한다. 빗물이 돌에 깨지면서 산소가 함유되어 용존산소함량이 높아져 유기물이 많은 빗물이 썩지 않고 장기간 보관할 수 있게 된다. 빗물 탱크는 이 대표의 역작이다. 콘크리트를 전혀 사용하지 않고 비닐로만 탱크를 만들었다. 먼저 빗물을

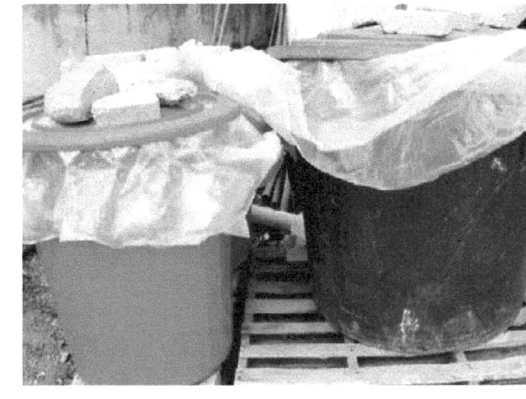

"농사로도 잘 살 수 있다는 것을 보여주기 위해 끊임없이 개발하고, 다른 사람에게 보급하고 있다"며 끊임없는 연구와
개발기술 무상공개의 이유를 밝혔다.

모으기 위해 가로 8m, 세로 23m, 깊이 3m로 땅을 파고 토양의 압력을 견딜 수 있는 철제 파이프를 꽂고 비닐시트를 깔았다. 비닐시트 위 바닥에는 모래를 10㎝ 두께로 깔아 수압으로 인한 탱크 파괴를 방지했다. 시공비는 콘크리트 탱크와 비교하여 무려 80%를 절감했다.

뿐만 아니라 태풍에 강한 하우스를 직접 제작했으며, 취나물 채취 작업에 쓰이는 칼을 양날로 만들어 작업 효율성을 2배로 늘렸다. 이 명인은 "'농사'하면 '어렵다, 잘 안 된다'고 생각하고 포기하는 사람이 많다. 그러나 포기하지 않고 '하면 된다'와 '농사로도 잘 살 수 있다'는 것을 보여주기 위해 끊임없이 개발하고, 다른 사람에게 보급하고 있다"며 끊임없는 연구와 개발기술 무상공개의 이유를 밝혔다.

편한 길이 있지만 '국민의 안전한 먹을거리 생산'이라는 사명감으로 자연 그대로의 재배를 고집하는 이종현 명인의 귀추를 주목해본다.

끊임없는 연구개발로
제 2의 우장춘 박사를 꿈꾸다

석정농장

이석변

📍 전북 정읍시 충정로
📞 063-531-8393

한 분야에서 최고가 되겠다며 두 딸과 약속한 석정농장의 이석변 명인.
40여 년간 하루도 쉬지 않고 부지런하게 수박을 연구한 그는 연작장해 예방기술을 개발하고,
수박농사에 치명적인 수박바이러스(CGMMV) 방제기술을 개발, 당도 높은 씨 없는 수박을 개발해
'2011 대한민국 최고농업기술명인' 채소부문에 선정됐다. 그의 노력이 인정받은 순간이다.

목표를 세워라

"수박 명인으로 이끈 원동력이 뭔가요?"
"자식들과의 약속입니다. 농사일이 바쁘다 보니 아이들을 잘 돌보지 못했었습니다. 그래서 수박으로 최고가 되는 모습을 보여주겠다고 약속을 했고 지금의 위치에 온 것 같습니다. 아이들도 저의 모습을 보고 학업에 충실하여 남부럽지 않는 사회적 위치에 올라가 있습니다. 행복이 두 배네요."

40년이 넘어가는 경력을 보유한 석정농장의 이석변 명인. 그는 수상을 매년, 많게는 한해에 4개씩 상을 휩쓰는 인정받는 농업인이다. 하지만 그의 화려한 이력과 달리 그의 과거는 지금의 부농과 거리가 멀다.

이 명인은 어려서부터 부모님을 도우며 농업을 배웠고, 군대를 다녀온 뒤 부모님의 밭농사를 거들면서 본격적으로 농업인의 꿈을 꾸기 시작했다. 때마침 황무지와 같은 자갈밭을 임대한다는 지주가 있어 1,980㎡ 비닐하우스에 수박을 재배하기 시작했다. 그리고 바쁜 일정에 잘 돌봐주지 못했던 아이들과의 약속을 위해 그는 비록 작은 규모였지만 잠을 줄여가며 수박재배에 매진했다. 그 결과 인정받는 부농으로 자리 잡았고, 채소부문 '2011 대한민국 최고농업기술명인'으로 선정되는 영예를 안았다. "한 분야에서 최고가 되겠다는 목표를 세우고 끊임없이 전진하세요. 그럼 당신도 미래의 명인입니다."

대한민국 최고농업기술명인의 비법

연작장해 예방기술 개발

수박연구회를 조직해 새로운 기술 보급, 고당도 씨 없는 수박 개발

수박농사에 치명적인 수박바이러스(CGMMV) 방제기술개발

명인은 1984년부터 정읍지역에서 최초로 수박 접목재배를 시작하여 연작피해 방지 및 생산성 향상에 노력하였다.

❋ 선정 년도 및 분야
2011년 채소부문

❋ 주요 품목
수박

❋ 지역파급효과
수박연구회를 조직하였고, 후계인력 양성에 적극 지원

❋ R&D 기술접목
녹비작물을 이용한 수박바이러스(CGMMV) 방제기술 개발

품질은 유기재배로

이 명인은 "직접 비료를 만들어 사용하는데 혼합하여 만든 균강을 시비한 후 경운하고 30일 정도 비닐 멀칭을 해둔다"며 이 방법을 통해 토양의 힘이 좋아져 고품질의 수박을 생산할 수 있게 되었다고 말했다. 또한 그는 1984년부터 정읍지역에서 최초로 수박 접목재배를 시작하여 연작피해 방지 및 생산성 향상에 노력하였다. 그의 업적으로 씨 없는 수박이 빠질 수 없다. 씨 없는 수박은 일반 수박보다 육질이 연하고 당도가 높으며, 포장이나 수확 후 저장기간 동안 견디는 힘이 강해 저장성이 우수하다. 명인의 수박은 12°Bx 이상이며 6kg 이상의 최상품 수박을 자랑한다. 명인의 씨 없는 수박은 지난 2014년 첫 수출물량 10톤을 기록했다가 1년 만에 160톤으로 확대되는 성적을 거뒀다.

그는 정읍수박연구회를 조직하여 동업종 농업인간의 조직화·규모화에 앞장섰고, 이를 통해 당도 높은 씨 없는 수박 대량생산에 이바지했다. 수박을 재배할 때 대부분 농업인들은 온도관리를 위해 삼중터널로 시설설비를 한다. 하지만 온몸이 땀범벅이 될 정도로 덥다는 단점이 있는데 명인은 삼중터널 자동개폐장치를 개발하여 노동의 수고를 덜고, 터널 내 온도유지도 수월하게 관리하고 있다.

> **Tip**
>
> **수박바이러스 (CGMMV)**
>
> 오이녹반모자이크바이러스. 내열성이 강해 90℃ 이상에서도 완전히 불활성화되지 않으며 입자가 매우 안정돼 기주작물이 없어도 1년 이상 병원성을 유지할 수 있다. 감염된 잎에는 초기 전개엽에 얼룩(모자이크)이 나타나다가 진전되면 식물 전체로 증상이 확대된다.

삼중터널 자동개폐장치를 개발하여 노동의 수고를 덜고, 터널 내 온도유지도 수월하게 관리하고 있다.

수박농사에 가장 치명적인 수박바이러스(CGMMV)에도 대안책을 제시했다. 땅심을 높이는 것으로 녹비작물(수단그라스)을 파종해서 자라면 얕게 갈아서 말리고, 그 위에 균강을 뿌리고 심경로타리를 하는 것이다. 그 결과 현저하게 바이러스가 감소되었고, 수박연구회에 보급·지도하기도 했다. 하지만 그는 지속적인 친환경 유기농업을 위해서 정부의 지원도 필요하다고 말한다.

"땅심을 높이더라도 시간이 흐르면 연작장해가 발생합니다. 농가 스스로 바이러스를 방지하는 것은 매우 어려워요. 정부 차원에서의 방재책을 마련해 주면 좋을 것 같습니다."

전국의 2만여 수박 농가를 위해 언제나 앞장서는 명인의 행보를 응원한다.

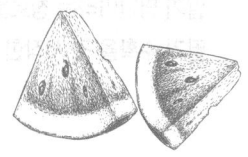

딸기분야 그랜드슬램을 달성하다

봉농원

류지봉

◉ 경남 거창군 거창읍 주곡로
☏ 0507-1330-3080
🌐 www.bongfarms.co.kr

오직 농업이라는 한 길만을 걸어온 류지봉 대표는 딸기 신지식인, 딸기 마이스터,
딸기 명인이라는 칭호를 받아 그랜드 슬램을 이루었고 '딸기 대통령'이라는 별명까지 가지고 있다.
딸기 수확을 갓 시작한 12월의 어느 날 작업에 한창인 류지봉 명인을 만나러 갔다.

비바람을 견디고 결실을 맺는 딸기

명인은 1만 6,529㎡(5,000평)에 있는 27동의 딸기 하우스에서 연간 80톤의 설향을 생산하고 있다. 지천명을 넘어선 명인은 비교적 젊은 나이에 명인이라는 칭호를 달았다. 24년간 딸기 농사를 짓고 있는 그가 받은 딸기 교육을 모두 합하면 5,000시간 정도. 고등학교 때의 꿈은 축산이었지만 아버지를 여의고 난 뒤 사과 농사를 이어받았다. 노목이 된 사과를 교체해야 하는 시기가 됐을 때 그는 딸기로 눈을 돌렸다.

"사과를 다시 심으면 5년을 또 기다려야 했어요. 아이와 여성이 좋아하는 걸 찾았는데 딸기가 괜찮겠더라고요. 수확을 빨리할 수 있었던 것도 좋았고요. 처음에는 991.7㎡(300평)로 시작했어요."

처음부터 성공한 건 아니었다. 산골짜기였던 사과 과수원에서 시작한 탓에 일조량과 토양에 문제가 있었다. 10년 동안 그곳에서 딸기 농사를 지었지만 큰 수확이 없었고 이후에 토지를 임대해 농사를 지었지만 실패를 거듭했다. 틀이 잡히기 시작한 것은 수경재배를 시작하면서부터다. 거창에서 고설재배 시설을 도입해 딸기를 재배한 것은 명인이 처음이다. 이러한 여정이 있었기에 명인은 현재 백화점에 납품되는 딸기의 가격을 직접 정할 정도로 인정받는 딸기 전문가가 됐고 새농민상부터 농촌진흥청장상, 대통령 표창까지 수상할 수 있었다.

대한민국 최고농업기술명인의 비법

- 딸기배지에 쌀겨를 혼합해 뿌리활착 및 물리성 개선
- 고설재배에서 물 조절로 당도와 경도를 높임
- 홈페이지와 체험을 접목한 판매망 구축

> 거듭되는 실패 끝에 틀이 잡히기 시작한 것은 수경재배를 시작하면서부터. 거창에서 고설재배 시설을 도입해 딸기를 재배한 것은 명인이 처음이다.

❀ **선정 년도 및 분야**
2013년 채소부문

❀ **주요 품목**
딸기 및 딸기가공품

❀ **지역파급효과**
거창은 물론 전국에서 유명한 딸기강사. 농림수산식품부 선정, 농산업현장실습교육장(WPL) 선정, 농림축산식품부 딸기분야 농업마이스터 지정

❀ **R&D 기술접목**
거창지역 수경재배 도입, 딸기배지에 쌀겨 등을 혼합해 배지문제 해결

머무는 농촌융복합산업(6차 산업)

봉농원에는 하우스와 잼 가공 공장 외에도 딸기 박물관과 교육 시설, 로컬푸드 매장, 농촌교육농장 등 다양한 시설이 있다. 음식과 가구, 조리기구, 텐트 등이 모두 준비되어 있어 간편히 캠핑을 즐길 수 있는 글램핑장도 마련했다.

"딸기를 이용해 어떻게 부가가치를 창출하느냐가 중요한 것 같습니다. 글램핑장을 지은 것도 그런 고민 때문이었죠. 농촌융복합산업(6차 산업)은 '지나가는' 농촌융복합산업이 아닌 '머무는' 농촌융복합산업이 되어야 해요. 그렇게 해야 수익 단위를 키울 수 있습니다."

2012년 봉농원은 딸기 현장실습 교육장으로도 지정됐다. 명인이 운영하는 교육 프로그램도 유명하다. 자신이 배운 것을 바탕으로 열심히 후배 농업인들을 육성하고 있는 그다. 초급반과 심화반으로 나눠 2월부터 10월까지 1박 2일씩 봉농원에서 실습을 하고 이론 공부를 한다. 백문이 불여일견. 딸기 농장의 1년을 직접 보면서 설명을 해야 더 잘 알아듣기 때문이다.

지난해까지 수업을 진행한 초급반은 8기까지 있다. 이렇게 봉농원에서 딸기 농사를 배우고 간 사람은 200여 명 정도. 심화반까지 수료한 교육생들은 '봉팸'이 되어 명인의 가르침을 계속해서 전수받는다. 명인은 교육생을 위한 커뮤니티를 만들어 농사 흐름을 공유하고, 필요한 자재들은 공동구매를 하기도 한다. 근처에서 터를 잡고 딸기 농사를 시작한 교육생들은 언제든지 봉농원을 찾아와 일손을 돕고 실전에 도움이 되는 정보를 알아간다.

명인은 농업을 성공시키려면 부가가치를 창출하기 위한 연구개발을 지속하면서 지식을 쌓는 것이 중요하다고 말한다.

또 농촌융복합산업(6차 산업)에만 치중할 게 아니라 기

> **Tip**
>
> **딸기 수경재배**
>
> 가대 위에 재배조를 만들어 재배하는 방식. 토양재배는 하루 종일 허리를 굽혀 작업해 어깨가 결리고 요통이 생기기 쉬우나 수경재배는 육묘, 정식, 적엽, 적화 및 수확까지의 전 작업을 선 자세로 하기 때문에 편하고 능률적이다.

딸기를 이용해 어떻게 부가가치를 창출하느냐가 중요한 것 같습니다. '지나가는' 농촌융복합산업(6차 산업)이 아닌 '머무는' 농촌융복합산업이 되어야 해요.

술에 기반한 4차 산업을 농업에 접목해야 한다는 것도 강조한다. 20여 년간 실패를 거듭하며 지금의 자리에 올라선 명인. 힘들게 독학하면서 배운 귀중한 지식을 후배 농업인들에게 아낌없이 나눠주는 그가 있기에 앞으로 우리 농업의 미래는 밝다.

"농업은 지식 산업으로 바뀌고 있어요. 똑똑한 지식인이 농업을 하면 승산이 있다고 봅니다. 딸기 한 알이 있기까지 잎과 뿌리의 역할이 얼마나 중요한지 알고, 지식을 갖추면 승산이 있어요."

마늘의, 마늘에 의한,
마늘을 위한 단 한명의 명인

이진우

◉ 경북 의성군 봉양면 문흥1길
◉ 054-832-0805

"마늘재배 시 노동력 문제로 많은 고민을 했는데 새로운 해법이 생겨난 것 같아서 기쁩니다.
앞으로 10년, 20년 더 마늘농사를 지을 생각을 하고 있습니다.
의성군 마늘 전부 고품질이 되도록 최선을 다하겠습니다." 50여 년간 마늘만을 연구하고,
재배한 이진우 명인은 온통 마늘 생각뿐이다. 창의적인 노력과 기술력으로 우뚝 선 이진우 명인을 만났다.

국내 마늘재배 기술을 한 단계 업그레이드

마늘은 경영비의 70% 이상이 종구비로, 타 작물에 비해 생산비가 많이 들고, 영양체 번식으로 품종개량이 안 되는 특성을 가지고 있다. 또한 매년 연작을 하게 되면 수량성이 떨어져 비싼 가격으로 씨마늘을 구입해서 농사짓다 보니 생산비도 많이 들고 어려움이 많았다. 이런 마늘이 농가의 귀중한 소득 작목으로 변하게 된 것은 바로 '주아재배'의 보급부터다.

"1994년 농업기술센터 시범사업을 신청해 주아재배를 지역에 도입했습니다. 초창기 농가들이 많이 실패를 한 것은 기술부족 때문이었습니다. 주아재배는 반드시 파종 후 물을 충분히 돌려주어야 싹 출현이 높아 질 수 있습니다."

이진우 명인은 주아재배 기술을 확립해 의성군 전역으로 기술을 전수했으며, 이는 1998년 농림부 시책사업으로 채택됐다. 이후로 전국의 마늘재배 농가에 주아재배에 대한 정부보조금 지원이 시작된 것이다. 이 명인은 지금의 의성마늘의 명성을 알린 일등공신이다. 주아재배 기술도입으로 농가의 애로점을 극복하게 했으며, 저장성 향상 기술개발로 의성마늘 명품화에 기여했다. 또한 농촌진흥청과 함께 장마기에도 부패 걱정 없이 건조할 수 있는 시스템 개발을 진행해 성공하게 되었고, 이로 인해 부패 없는 마늘로 소비자에게 접근해 의성마늘의 명성을 높이는 데 기여하였다.

대한민국 최고농업기술명인의 비법

주아재배기술 도입

마늘재배에 가장 큰 애로점인 노동력 절감기술 (생분해비닐 사용) 개발

친환경재배를 위해 체계적인 토양 관리 및 2모작 체계 확립

명인은 지금의 의성마늘의 명성을 알린 일등공신이다.
주아재배 기술도입으로 농가의 애로점을 극복하게 했으며, 저장성 향상 기술개발로 의성마늘 명품화에 기여했다.

❀ 선정 년도 및 분야
2014년 채소부문

❀ 주요 품목
마늘

❀ 지역파급효과
주아재배기술 보급으로 10a당 단수가 900kg이던 것을 1,700kg으로 생산성을 크게 늘려 인근 농가 소득증대에 기여

❀ R&D 기술접목
장마기에도 부패걱정 없이 건조할 수 있는 시스템 개발에 참여하여 부패 없는 마늘 생산에 성공

마늘재배의 가장 큰 적, 노동력

최근 몇 년간 의성지역의 마늘은 작황이 좋아, 좋은 가격을 받고 있다. 하지만 마냥 상황을 낙관할 수는 없다. 농촌의 고령화 등으로 마늘을 재배할 수 있는 노동력 부족이 가장 큰 문제가 되고 있다. 이 명인은 생분해비닐을 활용해 이러한 문제를 해결했다.
"마늘은 가을철 파종 후 동해방지·생육촉진 등을 위해 비닐로 피복을 해야 합니다. 이후 봄이 되면 비닐에 구멍을 뚫어 싹을 바깥으로 유인해야 하는데 생분해비닐을 사용하면 이 같은 작업 시간이 대폭 줄어듭니다. 생분해비닐은 따로 구멍을 내지 않아도 싹이 비닐을 뚫고 자라기 때문입니다."
싹을 일일이 유인하려면 많은 인력이 필요한데, 작업환경이 불편해 인력수급마저 쉽지 않았다. 하지만 생분해비닐을 피복한 뒤 토양과 잘 밀착시키면 구멍을 뚫어주지 않아도 70~80%의 싹이 비닐 위로 올라오게 된다. 또한 피복 후 따로 제거하지 않아도 돼 1석 2조의 효과가 있다.

> **Tip**
>
> **주아재배기술**
>
> 마을종에 있는 주아를 사용하여 우량한 씨마늘을 생산하는 재배 방법. 주아는 조직이 치밀하고 저장력이 강하며 바이러스 감염이 적은 특징이 있다. 또 한 개의 마늘종에는 8~30개 정도의 주아가 있어 증식률이 높다.

연구 및 학습활동을 선도하다

이 명인은 마늘재배에 대한 연구와 학습을 게을리하지 않는다. 1999년 의성군농업기술센터 품목별 연구모임인 마늘발전연구회에 창립회원으로 참석해 연구활동과 새로운 기술을 인근농가에 파급했으며, 현재까지 활발한 연구를 하고 있다. 뿐만 아니라 2008년에는 농민사관학교 마늘 과정에 입학해 마늘 재배 및 유통, 가공분야의 신기술을 교육받았으며, 2009년부터 2012년까지 마늘 마이스터대학에 입학해 학문적인 기초를 충실히 다졌다. 이렇게 배우고 연구한 기술은 다른

명인은 마늘재배에 대한 연구와 학습을 게을리 하지 않는다. 의성군 내는 물론 타지역의 마늘재배 농가에도 신기술을 보급하고 있다.

마늘재배 농가에 모두 전수하고 있다. 의성군 마늘신활력사업으로 추진한 지역혁신 아카데미 과정과 농민사관학교 강사로 활동하며 의성군 내는 물론 타지역의 마늘재배농가에도 신기술을 보급하고 있다.

"의성 지역은 논에서 마늘을 재배합니다. 마늘 후기작으로 벼농사를 실시하고 있으며, 체계화된 2모작 시스템을 구축해 마늘과 벼 모두 안정적으로 생산하고 있습니다. 2모작 시스템의 기본은 친환경농업이며, 앞으로는 농업기술센터와 함께 셀레늄 강화마늘을 생산해 차별화를 꾀할 것입니다. 친환경기능성 마늘을 생산해 안전한 먹거리, 정직한 먹거리로 소비자들에게 다가가겠습니다."

품질 확보로
논산 쌈채소의 판로를 열다

영환농장

김 영 환

◉ 충남 논산시 부적면 남마구평길
☎ 041-732-3975

영환농장의 김영환 명인은 웰빙시대 소비자의 기호도 변화에 적극 대처한 선도농가이다.
그는 5명의 꽃상추 작목반 결성을 시작으로 늘참영농조합법인과 온채영농조합법인 설립까지,
전국 제일의 양반 꽃상추의 브랜드 가치를 높였다. 또한 신기술을 보급하여 상추, 쌈채 등의
수량증대에 이바지한 그는 논산시 통합브랜드인 '예스민' 상표를 부착하여 논산의 브랜드가치를 높였고,
이러한 업적으로 '2015 대한민국 최고농업기술명인' 채소분야에 선정되었다.

꽃상추, 논산의 신소득이 되다

논산하면 대표작물로 보통 딸기를 생각하고, 많은 귀농인들이 이러한 이유로 딸기를 작목으로 선택하곤 한다. 하지만 논산시 양촌면은 다르다. 이곳은 딸기 재배농가보다 쌈채류 재배농가가 빈번하게 보인다. "양촌에만 200여 농가가 쌈채류를 재배하고 있다"고 말하는 영환농장의 김영환 명인은 지금의 양촌 쌈채류 부자농업인 양성의 출발점이자 중심에 있다.

김 명인은 8만㎡ 규모의 전·답·임야를 보유하고 있으며, 45동의 시설하우스를 관리하고 있다. 일부는 수경재배, 일부는 토양재배로 계속적인 실험을 하면서 방풍, 미니로메인 같은 신소득 작물이 잘 자랄 수 있는 환경을 구축해 놓았다. 직접 육묘도 키우면서 주변 농업인들에게 보급까지 하고 있는 그는 채소분야 '2015 대한민국 최고기술명인'으로 선정된 지역의 유명인사다.

온통 딸기밭인 논산, 명인 역시 과거에 딸기재배와 청상추를 겸하던 농업인 중 한 사람이었다. 중간 정도의 수익을 얻는 평범한 논산 딸기인이었던 그에게 2002년 터닝포인트의 계기가 찾아온다.

"새로운 분야로 도전해보자는 생각과 함께 꽃상추로 작목을 전환하게 되었습니다." 그렇게 5명이 모여 꽃상추작목반을 결성하고 2004년 11월 늘참영농조합법인을 조직하여 전 조합원에게 무농약을 원칙으로 친환경농업

대한민국 최고농업기술명인의 비법

신기술(엘리포트 시스템) 도입으로 수량 증진, 안전성 확보

새로운 품종 연구 및 재배기술 확립

판로개척으로 지역소득 창출

철저하게 농약사용을 금지하고 퇴비와 미생물배양액만을 이용한 그의 전략은 시장에서 인정받게 되었고, 소비자의 관심도 크게 얻게 되었다.

❀ **선정 년도 및 분야**
2015년 채소부문

❀ **주요 품목**
미니로메인, 방풍, 꽃상추 등

❀ **지역파급효과**
육묘보급, 신기술 보급(엘리포트)

❀ **R&D 기술접목**
엘리포트를 보급하여 수량증진과 안정성 확보, 연작피해 및 세균병 감소, 소포장 시스템 도입으로 대형유통업체 납품

을 추진했다. 철저하게 농약사용을 금지하고 퇴비와 미생물배양액만을 이용한 그의 전략은 시장에서 인정받게 되었고, 소비자의 관심도 크게 얻게 되었다. 이에 사용하던 '양반 꽃상추'의 브랜드가치가 상승하고 논산시 통합브랜드인 '예스민' 상표도 부착하게 되었다. 소포장 시스템의 도입으로 농협과 연계하여 이마트 등의 대형 유통업체로 납품을 하였고, 최근에는 패스트푸드점 맥도날드에도 납품을 하고 있다. 명인이 2012년 설립한 온채영농조합법인은 24명의 조합원이 연간 56억 원의 매출 실적을 내는 것은 물론 100% 계약재배를 통해 안정적인 납품처를 확보하고 수입금으로 난방비와 끈끈이 트랩 지원, 1:1 멘토링 등을 통해 고품질 농산물 생산에 앞장서고 있다. 온채영농조합법인은 2020년 8월 제26회 세계농업기술상 시상식에서 협동영농 부문 대상을 수상했다.

> **Tip**
>
> **엘리포트 시스템**
>
> 일반적인 플라스틱 포트가 아니라 토양에서 분해되는 종이 포트를 이용하는 방법. 토양오염이 없고 발아율이 높으며, 수확기를 당길 수 있다. 조기수확이 가능해 소득창출에 유리하고 고품질 수확량도 10~20%가량 늘어난다.

나누면 커집니다

대부분 농업인들은 자기만의 노하우를 공개하려고 하지 않는다. 하지만 김영환 명인은 달랐다. 40년 경력이 넘어가는 그는 그동안의 경험과 노하우를 다양한 학습단체와 품목별 연구회를 통해 전파하고 있다. 특히 신기술인 엘리포트 시스템을 도입했다.

"수경재배 시 스펀지에서는 50% 미만의 발아율, 현재 농가에서 주로 사용되는 162구에서 80% 정도의 발아율을 보입니다. 하지만 친환경 분해소재로 만든 엘리포트는 99%의 발아율을 보입니다."

그는 엘리포트 사용으로 세균병을 감소시킬 뿐만 아니라 균일하고 안정적인 수확을 할 수 있다고 강조했다. 그뿐만 아니라 작목반을 운영하면서 정기적으로 각 농가를 방문하여 현장 상담을 해 준다. 이런 소문을 듣고

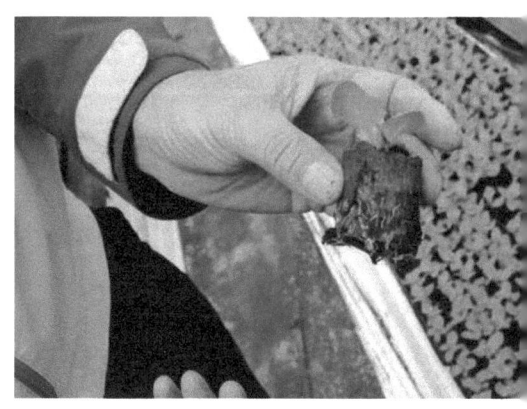

명인은 엘리포트 사용으로
세균병을 감소시킬 뿐만 아니라 균일하고
안정적인 수확을 할 수 있다고 강조했다.

귀농을 원하는 예비 농업인들이 종종 찾아와 배움을 얻어 가곤 한다.

김영환 명인의 쌈채소는 소포장하여 판매를 하고 있다. 특히 조리법까지 적어놓아 소비자들에게 더욱 맛있는 쌈채소를 먹을 수 있도록 하였다. 명절이나 기념일이면 선물세트로 없어서 팔지 못할 정도로 주문이 쇄도하고 있다.

"지금 이 길을 혼자 걸어왔다면 이 정도로 성장하지 못했을 겁니다. 다 함께 뜻을 모았기에 가능한 것입니다. 앞으로도 40여 년간 농업생산과 연구를 통해 얻은 신소득 작물의 재배기술과 포장, 판로 개척 등 헌신적으로 영농후계인력 육성에 최선을 다하겠습니다."

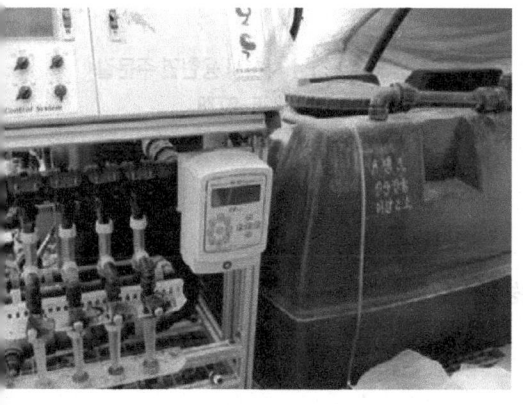

우직함으로 키워낸 붉은 열매
미래 농업을 더욱 건강하게

봄춘농장

강동춘

◉ 경남 사천시 용현면 주문길
☎ 055-835-9778
🌐 bomchun.com

봄춘농장은 이미 오래전부터 토마토로 널리 알려진 곳이었다.
꾸준히 높은 품질의 토마토를 무농약 재배해왔기 때문. 하지만 봄춘농장의 강동춘 명인이
농업과 인연을 맺게 된 최초의 계기는 토마토가 아니었다고 한다.
강 명인을 만나 토마토와 그에 대한 이야기를 들어봤다.

부지런한 발걸음이 키운 건강한 토마토

"원래는 한우를 키웠습니다. 그때가 1982년이었지요. 하지만 한우 파동을 겪으며 불안감이 커졌습니다. 그래서 새로운 준비가 필요하다는 생각을 하며 기르던 한우를 모두 정리했지요. 그 후 새로운 작물을 찾던 중 토마토를 만나게 됐습니다."

강동춘 명인이 토마토를 선택한 이유는 두 가지였다. 토마토의 성분이 건강에 상당히 좋기 때문에 소득 수준이 올라가면 그 소비가 더 늘어날 것이라는 예상, 그리고 당시만 해도 토경 재배가 이루어지던 때였던 터라 시설비가 많이 들지 않을 것이라는 현실적 이유 때문이었다. 하지만 토마토를 재배하는 일이 생각처럼 쉽지는 않았다. 무엇보다 사방이 막힌 시설 안에서 농약을 쳐야 하는 일이 고역이었다. 단순히 냄새가 역한 것이 아니었다. 실제 강동춘 명인의 건강에 심각한 악영향을 끼쳤다.

"무농약을 시작한 게 바로 그때부터였습니다. 당시의 관행대로 하다 보니 제 건강이 상해 더 이상 농사를 지을 수 없겠다는 생각이 들었거든요. 건강하지 않은 방법으로 재배한 토마토로 건강을 지킬 수 있도록 돕는다는 게 무엇보다 말이 안 되는 일이기도 했고요."

30년 전의 일이었다. 당시만 해도 무농약·유기농에 대한 인식이 상당히 낮았던 때였다. 주위에서는 괜한 짓을 한다며 혀를 차거나 비웃는 일이 빈번했다. 하지만 그런 것쯤이야 아무것도 아니었다. 정말 쉽지 않았던 것은, 제

대한민국 최고농업기술명인의 비법

옳다고 믿는 방향에 대한 확고한 신념

변화를 두려워하지 않는 선구자 정신

재배 환경 개선을 위한 끊임없는 노력

제대로 된 무농약 농법을 배울 수 있는 곳을 찾기 위해 몇 년 동안 사천과 진주는 물론, 강원도까지 달렸다. 제대로 된 토마토를 재배하기 위한 그의 발걸음은 쉴 틈이 없었다.

⊛ 선정 년도 및 분야
2016년 채소부문

⊛ 주요 품목
토마토

⊛ 지역파급효과
무보수 봉사활동, 단체 전시 농산물과 모금액을 모두 불우이웃시설에 기부, 연간 20회 농업인 현장 컨설팅, 현장실습소 제공 등을 통한 기술 공유

⊛ R&D 기술접목
겨울철 무농약 재배, 비닐하우스의 낙수방지용 패드 부재(디자인 등록 제 30-0520206호) 개발, 토마토 상부 곁순 재배, 무폐액 재배기술 개발

대로 된 무농약 농법을 배울 수 있는 곳을 찾는 일이었다. 가까운 사천과 진주는 물론, 강원도까지 길을 달리는 일을 몇 년이나 이어나갔다. 제대로 된 토마토를 재배하기 위한 그의 발걸음은 쉴 틈이 없었다.

도전과 노력으로 만든 건강한 내일

강동춘 명인은 토경에서 무농약 재배를 시도했다. 이후 양액을 이용하는 무농약 재배로의 전환을 시도했다. 이 과정에서 실패도 맛보았다. 농사가 얼마나 어려운지 새삼스레 깨닫게 된 시기이기도 했다. 하지만 포기하지 않았다. 남들처럼 해서야 비전이 없다는 것을 누구보다 스스로 잘 알고 있었기 때문이다. 무엇보다 자신의 몸을 지키기 위해서라도 농약을 쓰지 않아야 한다는 사실을 가슴에 새기고 있었다. 하지만 시설에서 문제가 생겼다.

"겨울이 되면 시설 내외부의 온도 차이가 크게 나기 때문에 안쪽에서는 결로가 생기기 마련입니다. 그런데 이 결로의 양이 상당해요. 그러다 보니 물방울이 떨어지는 곳은 상상하는 것보다 훨씬 더 습해집니다. 곰팡이가 자라는 데에 최적의 환경이 조성되는 셈이죠."

다시 말해 온도는 유지하면서 습도를 내릴 수 있는 방법을 찾아야 했다. 그는 여러 가지 방법을 고민하던 중 낙수방지용패드 부재를 직접 제작했다. 결로를 한데 모아 시설 바깥으로 자연스럽게 배출하는 패드였다. 이 패드는 지난 2009년 디자인등록이 완료됐다.

"디자인 특허를 풀어서 현재는 여러 업체에서 원리를 이용한 제품을 상용화 준비 중입니다. 물론 이 과정에서 제가 경제적 이득을 본 부분은 없습니다. 더 많은 농업인이 더 좋은 작물을 재배하는 데에 도움을 줄 수 있으니 그것만으로도 제게는 큰 의미가 있습니다."

> **Tip**
>
> ### 토마토 양액재배
>
> 토양을 이용하지 않은 무토양 상태에서 작물을 여러 방법으로 고정시키고, 배양액을 뿌려 필수원소를 공급해 작물을 재배하는 방식. 토마토는 양액재배 작물 중 가장 많은 재배면적을 차지하고 있다. 명인은 2005년 해외 연수 후 경남지역에서 처음으로 토마토 양액재배를 시작했다.

더 많은 농업인이
더 좋은 작물을 재배하는 데에 도움을
줄 수 있으니 그것만으로도 제게는
큰 의미가 있습니다.

강동춘 명인은 폐양액을 줄여 토마토를 더 건강하게 재배하는 한편 환경을 보호하는 일에도 앞장섰다.

"사실 원리는 간단합니다. 급여한 양액이 얼마나 감소하는지 저울로 확인하면 되거든요. 물론 그날의 온도, 습도, 일조량 등 제반 여건도 함께 말이죠. 다만 그 작업을 꼬박 1년 동안 하루도 빠짐없이 진행해야 합니다. 그래야 정확한 데이터가 나오고 그 데이터를 토대로 최적의 농사가 가능해지니까요."

강동춘 명인은 그 일을 해냈다. 3년에 걸쳐서 말이다. 최적의 양액 공급 덕분에 토마토는 생육이 좋아졌을 뿐 아니라 겨울철 뿌리썩음병 걱정에서도 벗어날 수 있었다. 이는 약 10%의 수확량 증가라는 결실로 이어졌다. 명인의 토마토는 대부분 인터넷 직거래를 통해 팔리고 있다. PC통신 시절인 20년 전부터 이어져 온 판매방식이다. 단골 역시 그때부터 지금까지 꾸준하다고 한다. 그런 그가 이제는 후세대를 위해 더 많은 일을 하고 있다.

상생으로 성주참외를 발전시키다

다온농장

이명화

📍 경북 성주군 선남면 명관로

경북 성주군에 있는 참외 농장. 푸릇푸릇한 잎사귀 사이엔 샛노란 참외가 가득 숨어있다.
참외 빛깔을 보기만 해도 어떻게 키워냈는지, 그 재배과정이 보인다는 참외의 명인이 있다.
참외로 유명한 성주, 그곳에서 20여 년간 참외를 키워온 이명화 명인을 만났다.

재미있게, 열심히 농사짓다

모든 농사는 어렵다. 벼농사도, 과수농사도. 살아있는 식물을 다루는 일이다 보니 세세한 조치 하나가 그해 수확에 영향을 많이 준다. 참외 농사도 마찬가지. 습도와 온도, 물을 잘 조절해서 나무의 컨디션을 최상으로 유지해야 하고 품질이 나쁜 참외가 많을 경우 적과하는 용기도 필요하다.

명인은 재미있는 참외 농사에 '열심'을 얹었다. 참외 농사를 지은 20여 년 내내 이런 마음이었다. 참외 농사로 생계를 잇고 가정을 지키기 위해선 그런 마음가짐이 가장 중요하다고 생각했다. 명인이 되고, 후배 농업인들을 양성하는 지금도 그 마음가짐을 유지한다. 그는 새벽 5시가 되면 늘 참외밭으로 나간다. 아내와 함께 1만 3,223㎡ (4,000평) 참외밭을 하루 종일 밭을 살피고 출하작업을 한다. 일도 중요하지만 배움도 게을리할 수 없다.

"옛날엔 크고 달달한 참외를 선호했지만 요즘 소비자들은 적당한 크기에 건강한 맛을 가진 참외를 원해요. 농업인 자신의 기준에서 참외를 잘 만들어 냈다 생각해도 소비자가 외면하면 끝이에요. 소비자가 원하는 걸 자꾸 연구해야 합니다. 요즘 트렌드도 알아야 하고요. 과일도 유행을 탑니다. 그에 맞게 재배해야죠."

명인으로 지정되고 난 후, 이명화 명인은 '명인'이란 이름에 걸맞게 사회적으로 의미 있는 역할을 해야겠다고 생

대한민국 최고농업기술명인의 비법

보온부직포 두겹사용
(12온스+6온스) 시범전파

참외혁신지원단 및 작목반 활동으로
성주참외 경쟁력 제고

후배 영농인, 귀농귀촌인
대상 재배 노하우 전수로
상생 추구

참외 농사에 어려움을 겪고 있는 이웃 농가를 대상으로 하나부터 열까지 스스로 깨친 노하우를 모두 공개했다. 물을 대는 방법이나 비료를 쓰는 법 같은 세부적인 것도 알려줬다.

선정 년도 및 분야
2017년 채소부문

주요 품목
참외

지역파급효과
항산화게르마늄작목회 결성으로 명품참외 브랜드화, 성주지역 참외 재배 관행 확립, 주변 농가에 농기술 보급

R&D 기술접목
수확 시기 앞당기는 연속 안정 착과기술 개발, 참외에 게르마늄 농법 접목

각했다. 이에 참외 농사에 어려움을 겪고 있는 이웃 농가와 귀농한 사람을 대상으로 농사에 대해 알려주기로 했다. 하나부터 열까지, 스스로 깨친 노하우를 모두 공개했다. 심지어 물을 대는 방법이나 비료를 쓰는 법 같은 세부적인 것도 알려줬다. 또, 정직한 마음가짐으로 참외 농사에 임해야 한다는 것도 강조했다.

"처음에 저를 찾아온 사람들은 낯빛이 어둡습니다. 큰 마음 먹고 귀농했는데 돈은 많이 들어가지, 농사는 잘 안되지. 그런데 저와 함께 한 달, 두 달 이렇게 지내다 보면 확실히 얼굴이 좋아져요. 매일, 매주 해야 하는 일을 제가 다 알려줍니다. 알려주는 대로 열심히 하다 보니 참외밭 상태가 조금씩 좋아진 거지요. 농사도 농사지만, 농사를 잘 지으면서 한 가정이 살아난 거잖아요. 조금씩 이렇게 적응해가는 귀농 가정을 보면 정말 기쁩니다."

> **Tip**
>
> **게르마늄 농법**
>
> 토양 속에 산소를 공급하는 게르마늄은 황폐해진 토양의 생태계를 회복시켜 작물이 잘 자랄 수 있는 비옥한 토양으로 만들어 준다. 이런 땅에서 자란 농작물은 당도가 높고 맛과 빛깔이 뛰어나 상품 가치가 높아지게 된다. 참외에 게르마늄 농법을 접목한 것은 성주가 처음이었다.

성주 참외, 더 많이 알려지길

명인이 참외 농사를 시작했던 1990년대에는 농사 노하우를 공유하는 것이 마치 산업 기밀을 누설하는 것과 같았다. 이런 분위기 때문에 선배 농업인들에게 질문을 해도 정확히 답해주는 사람이 없었다.

"선배들을 계속 쫓아다니면서 같이 밥 먹고 얘기하다 보면 어쩌다 하나씩 툭, 하고 정보가 나와요. 그렇게 농사짓는 법도 배우고 노하우도 얻었습니다. 열심히 따라다니면서 생각했어요. 나중에 내가 인정받는 농업인이 되면 절대 후배 농업인들을 모른 체하지 않겠다고. 모든 것을 알려주고, 농사에 빨리 적응할 수 있도록 적극적으로 돕겠다고 다짐했어요."

그가 명인으로 선정된 데에는 후발 농업인들을 돕고자 했던 마음이 큰 역할을 했다. 누군가는 "저 사람이 무슨 자격, 무슨 의도로 사람들을 가르치느냐"라며 의심도

나중에 인정받는 농업인이 되면
절대 후배 농업인들을 모른 체하지 않겠다고.
모든 것을 알려주고, 농사에 빨리 적응할 수
있도록 적극적으로 돕겠다고 다짐했어요.

하고 오해도 했다. 하지만 진심은 통하는 법. 수많은 농업인에게 도움을 주고, 심지어는 선배 농업인의 후계농까지 도와주게 되면서 많은 농업인들의 지지를 받게 됐다. 수많은 이웃 농민들의 응원과 감사가 모여 '명인'이란 명예를 안게 됐다.

"이웃 농업인이 잘된다고 해서 내가 손해를 보는 게 아닙니다. 새로 들어온 농가 하나가 참외를 잘 만들어 내고 판매 성과도 높으면 이웃 농가도 그만큼 품질이 좋아지게 되어 있어요. 상향 평준화되는 겁니다. 그렇게 되면 지역 참외가 유명해지고 다 같이 잘살게 됩니다. 제가 후배 농업인들에게 농업기술을 전수하는 건 개별 농가가 잘 되라는 바람도 있지만, 좋은 농가가 많이 생기면서 우리 성주 참외가 더 많이 알려졌으면 하는 바람이 큽니다."

꺾이지 않는 도전으로 확립한 한국형 딸기 재배 모델

김수현

◎ 경남 진주시 대평면 한들길
☎ 055-742-1190

김수현 명인. 그는 한국형 딸기 재배 모델을 확립한 장본인이다.
지금은 당연하게 생각하는 고설육묘법과 딸기양액재배법 등이 바로 그로부터 시작된 재배법들이다.
21세의 젊은 나이에 농업을 시작한 그는 끝없는 도전정신으로 진주시가 딸기재배의 메카로
자리매김하는 데 큰 공헌을 했다.

'한겨울 딸기'를 현실로

"그러니까 약 50년 전 오이 농사부터 시작했습니다. 진주는 국내 시설농업이 최초로 시작된 곳이라 할 정도로 다양한 선진 농법에 대한 시도가 있었고 오이 역시 그런 대상 작물 중 하나였지요. 하지만 진주 시내에서 초빙해 온 오이 전문가도 이곳 대평면에서 3년을 버티지 못하고 돌아갔어요. 진주 시내랑 3도 차이가 날 정도로 겨울이면 워낙에 추운 곳이거든요."

함께 농사를 시작했던 사람들은 다시 예전의 농사로 돌아갔지만 김수현 명인은 시설 재배를 꼭 성공시키고 싶었다. 혼자의 힘으로 새로운 작물을 찾아다니던 어느 날, 신문에서 딸기 모종을 무료로 나누어준다는 광고를 보고 무작정 서울로 찾아가 딸기 모종을 들고 왔지만, 딸기 농사에 대해 아무런 지식도 없는 그가 그것을 제대로 키워낼 리는 없었다. 다시 눈에 보이는 작물을 심고 키우기를 여러 해, 소득은 없었다. 일생을 걸 작물을 찾아야 했다. 그러던 중 다시 딸기를 만났다. 그가 농사짓고 있는 곳에서 멀지 않은 곳에 위치한 농가들이 딸기 재배를 시작한 것이었다.

"그렇게 다시 딸기 농사를 시작했습니다. 쉽지 않았어요. 실내 온도를 유지하기 위해 부직포를 덮고 걷는 일을 매일 같이 해야 했는데, 그게 상당히 고된 일이었습니다. 그러다 결국 허리 디스크가 터지고 말았죠."

> **대한민국 최고농업기술명인의 비법**
>
> 주어진 환경을 적극적으로 이용하는 능동적 자세
>
> 신품종을 가장 먼저 받아들이는 개방적 영농
>
> 더 나은 재배법을 찾기 위한 다양한 시도와 노력

단순히 재배에 소요되는 노동력과 비용을 줄이는 데에 그치는 것이 아니었다. 준하(스르가S) 품종의 딸기에 대한 촉성재배가 가능해지는 전환점이 된 것이다.

❋ 선정 년도 및 분야
2018년 채소부문

❋ 주요 품목
딸기

❋ 지역파급효과
촉성용 품종을 이용한 전국 최초 촉성재배단지 조성, 수막보온법을 활용해 간이 난방만으로도 가능한 시설재배법 보급, 고설육묘법 적용 면적확대로 농가 소득 확대에 기여

❋ R&D 기술접목
수막보온법(1983년) 고설육묘법(1999년) 딸기양액재배법(2002년) 등 한국형 딸기 재배 모델 확립

그렇다고 해서 농사를 놓을 수는 없었다. 좀 더 쉬운 방법을 찾아야 했다. 그가 주목했던 것은 바로 지하수였다. "지하수는 일 년 내내 수온이 일정합니다. 그리고 이곳에서 나는 지하수는 19℃의 높은 수온을 보여주고 있었지요. 그 지하수를 끌어와 딸기 하우스 위에 수막을 만들어 주니 실내 온도가 일정하게 유지될 뿐 아니라 난방을 위한 연료비도 상당히 절약할 수 있었어요."

명인이 개발한 수막보온법은 단순히 재배에 소요되는 노동력과 비용을 줄이는 데에 그치는 것이 아니었다. 일본에서 들여온 준하(스르가S) 품종의 딸기에 대한 촉성재배가 가능해지는 획기적 전환점이 된 것이다. 덕분에 1985년 용산 청과시장에는, 한겨울인 12월에 갓 수확한 딸기가 출하되었다. 그 옛날 얘기에만 나오던 전설적인 '한겨울 딸기'가 현실에 등장한 놀라운 순간이었다.

> **Tip**
>
> **수막보온법**
>
> 비닐하우스 지붕에 15℃ 정도의 지하수를 뿌려 비닐 위에 물커튼을 형성해 보온커튼 역할을 하게 하는 것. 전국의 1만 700ha 농지에 보급돼 있는 기술이며 대다수의 딸기재배 농가에서 사용하는 보온방법이다.

불굴의 노력으로 잡은 두 마리 토끼

딸기 농사는 모종 농사로부터 시작된다. 모종이 제대로 크지 못하면 한 해 농사를 망치게 되는 터라, 가을이 오기까지의 모종 농사는 상당히 중요한 비중을 차지한다. 그런데 1999년, 지리산 인근에 내린 폭우로 인해 모종의 뿌리 부분이 불어난 호숫물에 잠기는 사고가 발생했다. 처음엔 완전 침수가 아니었던 터라 무사할 거라 안심했지만, 막상 옮겨 심을 때가 되니 썩은 뿌리가 드러났다. 김수현 명인은 당시 "머리가 흔들릴 정도의 좌절"을 맛보았다고 한다. 하지만 이내 마음을 다잡았다. "지표에 가까운 곳에서 자라게 된다면 언젠가 다시 침수될 수 있다는 뜻입니다. 그렇다면 허리쯤으로 모종을 띄워서 키우자는 생각을 했지요."

> 충실한 준비가
> 충분한 수확으로 이어진다는 점,
> 꼭 기억해주길 바랍니다.

이른바 공중육묘법을 고안한 것이었다. 쇠파이프를 일일이 엮어 모종을 얹을 수 있는 자리를 만들고 그곳에서 육묘를 시작했다. 효과가 좋았다. 무엇보다 작업성이 뛰어났다. 서 있는 상태에서 작업이 이루어지다 보니 몸에 부담이 덜어졌다. 효과를 확신한 김수현 명인은 육묘뿐 아니라 재배도 같은 방식으로 전환했다. 그러자 놀라운 일이 벌어졌다.

"딸기에게 치명적인 병 중 하나가 탄저병입니다. 걸리면 무조건 죽는 거라 생각해야 하는데, 이 탄저병은 흙에서 있다가 물이 튈 때나 사람의 발걸음으로 인해 먼지가 일어날 때 잎에 옮겨붙어 병을 일으키곤 하지요. 그런데 지표에서 멀리 떨어진 곳에 딸기가 위치하게 되다 보니 탄저병 발병확률이 상당히 낮아졌습니다."

이러한 고설재배법은 양액재배로 이어졌고 마침내 한국형 딸기 재배법의 표준 모델이 되었다. 지금은 모두가 당연하게 생각하는 일들이, 바로 김수현 명인의 노력에서부터 시작된 셈이다.

"이제 딸기 농사를 저보다 잘 짓는 분들도 많이 계십니다. 새로운 정보, 기술이 계속 갱신되니까요. 그래서 제가 명인이라는 이름으로 여러 사람 앞에 나서는 게 과연 온당한 일인가 고민도 되었지요. 그런 제가 한 가지 부탁하고 싶은 점이 있습니다. 과수의 품질로만 보자면 국산 딸기의 수준을 꽤 높다고 자부할 수 있지만, 그 과정은 아직 선진국에 미치지 못하는 게 사실입니다. 이런 부분을 좀 더 보완한다면 지금보다 더 좋은 품질의 딸기를 더 많이 수확할 수 있을 겁니다. 충실한 준비가 충분한 수확으로 이어진다는 점, 꼭 기억해주길 바랍니다."

보타리(Botari) 농법으로
제주 친환경 생태농업을 실현하다

제주보타리팜

김 형 신

📍 제주 제주시 애월읍 돈물내길

김형신 대표는 제주의 생태농업인 '보타리농법'의 개발 보급에 기여한 공로를 인정받아
채소분야의 최고농업기술명인으로 선정되었다. 그는 국내에서 친환경의 의미가 정립되지 않았던
1990년대 초부터 제주형 유기농법에 관한 연구와 기술 보급을 통해
제주지역에 맞는 친환경 농업인을 육성함으로써 이미 제주농업계의 이목을 끌고 있는 인물이다.

제주형 유기농법에 관한 연구와 기술 보급에 앞장

김형신 명인이 보타리 유기농법을 실천한 것은 1991년부터다. 그는 농업계 고교 교사 시절부터 제주대학교 원예학 박사 과정까지 끊임없는 배움과 연구를 통해 친환경 토양관리, 작물 생육병해충 관리이론을 정립했다. 논문으로만 그치지 않고 현장 실증을 거쳐 실제 활용할 수 있는 보타리 발효퇴비·액비 제조와 그 사용법을 개발하였다. 제주형 친환경생태농업을 실천하고 있는 것이다.

또한, 농원 내 친환경농업 교육장 마련을 시작으로 친환경연구회를 조직·운영함은 물론, 제주도 내 마이스터 대학 및 농업기술원과 공동으로 친환경농업 과정을 추진해 농업관련 기관, 친환경인증 농가, 학교 등 2만여 명이 거쳐 갔다.

제주 보타리(Botari)농법이 본격적으로 알려지기 시작한 것은 1998년 감귤·단감·매실에 대하여 유기농산물 인증을 받으면서부터다. 2006년에는 유기농산물 인증을 확대함으로써 현재 44,485㎡ 안에 양배추 외에도 스무 가지 품목을 재배함으로써 연간 373톤을 생산, 3억 5,000만 원의 소득을 올리고 있다.

2009년에는 국내에서 처음으로 일본 유기(JAS) 6개 품목 인증 후 2014년까지 일본 백화점에 양배추, 브로콜리 등 64톤을 수출하여 제주산 유기농산물의 재배기술

대한민국 최고농업기술명인의 비법

토양에 맞는 보타리 액비 제조와 사용법 개발

병해충 방제 표준기술 마련

제주 보리타친환경농업 학교 운영

> 논문으로만 그치지 않고 현장 실증을 거쳐 실제 활용할 수 있는 보타리 발효퇴비·액비 제조와 그 사용법을 개발하였다. 제주형 친환경 생태농업을 실천하고 있는 것이다.

- **선정 년도 및 분야**
  2019년 채소부문
- **주요 품목**
  양배추 · 단호박 · 브로콜리
- **지역파급효과**
  제주형 유기농법 확산
- **R&D 기술접목**
  친환경 토양관리, 병해충 관리의 이론 정립

을 인정받았다. 현재는 백화점, 학교급식, 쇼핑몰, 택배로 출하 중이며, 조합원 100% 유통을 지원하고 있다. 2014년부터는 유기농산물 유통의 다각화를 위하여 직접 생산한 유기농산물로 가공품을 생산하여 오프라인과 홈쇼핑을 통하여 판매하며 새로운 소득원을 발굴해 나가고 있다.

기술 보급과 미래인력 양성 위한
보타리 농업학교 운영

김형신 명인은 친환경농업 기술보급과 미래인력 양성을 위해 제주 보타리 친환경농업학교를 운영하고 있다. 농장 내 친환경농업 교육장 23,010㎡를 조성하였으며, 「친환경농업 활용기술 지침서 12권」 등 책자 5종 및 관련 교육자료 다수 발간 등을 통해 기술보급 및 확산에 주력하고 있다. 친환경 농업과정을 통해 전문기술을 보급하겠다는 목표로 제주 보타리 친환경농업학교를 운영하고 있는 것이다.

"친환경농업 만큼 재배 노하우가 고집스럽고 보급되기 어려운 분야도 없어요. 조건에 따른 기술 정립이 어려운 탓도 있고 정보를 공유할 네트워크가 많지 않기 때문입니다."

> **Tip**
>
> **세계청정도시 제주와 보타리농업**
>
> 제주는 2002년 생물권보전지역, 2007년 세계자연유산, 2010년 세계지질공원 인증 등 세계 최초로 유네스코 자연과학분야 3관왕을 달성한 세계청정도시다. 때문에 제주에서의 친환경농업은 대안농업이 아니라 생명농업이다.

명인은 친환경농업 기술보급과 미래인력 양성을 위해 제주 보타리 친환경농업학교를 운영하고 있다.
친환경 농업과정을 통해 전문기술을 보급하겠다는 목표다.

명인의 친환경농업기술 연구개발에 대한 실적과 유기농업 실천 역량, 친환경농업 교육 및 기술보급이 제주 농업계에 끼친 영향은 크다. 하지만 그는 이에 만족하지 않고 그동안에 쌓아온 노하우를 농촌의 젊은이들에게 전수하기를 희망하고 있다. 그래서 만든 게 제주 보타리 친환경농업학교다. 그는 그 목표를 위해 지금 이 순간에도 매진하고 있다.

분화촉진기술로 조기수확과 고소득의 길을 열다

석정딸기농원

한민우

◎ 충남 아산시 염치읍 석정길
☎ 041-541-0833
🌐 www.석정딸기농원.com

충남 아산에서 석정딸기농원을 운영하는 한민우 명인.
그는 딸기재배를 위한 여러 가지 기술을 개발하고, 전국의 농가들과 함께 연구모임을 주도하며
고품질 딸기 생산기술을 공유함으로써 우수한 재배기술을 확산시킨 공로를 인정받고 있다.
그는 47년의 영농경험을 갖고 있으며, 딸기재배만 21년째 이어오고 있는 농업인이다.

기술을 공유하는 곳이면 어디든

한 대표가 명인으로 선정된 것은 비닐하우스용 냉교반기 개발, 양액재배용 베드 개발, 폐양액 재처리장치 개발과, 아울러 딸기재배를 위한 환경개선과 에너지 효율을 위한 기술 연구개발을 인정받았기 때문이다.

특히 딸기의 수확시기를 앞당길 수 있는 분화촉진기술은 분화조건에 맞는 환경인 저온, 단일, 저질소를 조성하여 재배하는 방식이다. 출하기를 분산 시켜 작업의 효율성을 올림과 동시에 20% 이상 증대시킴으로써 딸기농가들이 고소득의 길을 열게 되었다.

또한, 딸기의 최악 조건인 고온현상과 병충해를 방지할 수 있는 왜화제 처리 기술은 여름의 고온현상으로 인한 웃자람을 방지함으로써 식물의 세포 조직이 치밀하게 생장하면서 뿌리가 활성화되어 지상부로 갈 양분을 지하부에 저장하도록 유도하는 기술이다.

날개형 원형베드 기술은 기존의 베드들이 열매 무게에 의한 꽃대 꺾임 현상으로 과일의 생육을 저해하여 당도가 올라가지 않아 상품성이 떨어지는 단점을 보완하기 위한 기술이다. 날개구조가 원형이어서 꽃대 꺾임을 방지하고 지하부 전체에 뿌리가 원활하게 활동할 수 있도록 한다. 거기다 유동성이 좋아 견고하면서도 편리한 시공, 상토 복원 시 로터리 작업의 하중을 충분히 견뎌낸다는 장점들이 있다. 이밖에도 딸기 수경 재배 시 나오는 폐액의 재처리장치도 개발하였다.

대한민국 최고농업기술명인의 비법

비닐하우스용 냉교반기 개발

딸기 수경 재배 시 나오는 폐액의 재처리장치도 개발

고온현상과 병충해를 방지할 수 있는 왜화제 처리 기술

명인은 비닐하우스용 냉교반기와 양액재배용 베드, 폐양액 재처리장치, 아울러 딸기재배를 위한 환경개선과 에너지 효율을 위한 기술 연구개발을 인정받아 명인으로 선정됐다.

❀ 선정 년도 및 분야
2020년 채소부문

❀ 주요 품목
딸기

❀ 지역파급효과
무경운(無耕耘) 재배방식 도입

❀ R&D 기술접목
무경운 재배법 전국에 확산

특히 이동식 고설 거치대는 명인의 농원에서 가장 핵심이 되는 시설이다. 이는 혹한기 가온으로 소비되는 에너지 및 온실 시설 유지비를 절약하고 토지 활용도를 높인 시설이다. 고정식 4동(24열) 설치 대비 이동식은 3동(24열)으로 줄일 수 있어 1동 시설비(2,500만 원) 기준 약 900만 원과 1동 1년 유지비 약 200만 원을 매년 추가로 절약할 수 있다.

전국 농업인들과 적극적인 정보 공유

한민우 명인이 영농을 시작한 것은 1970년대 초반 20대 청년 시절부터다. 그는 이미 4H 활동으로 시설채소를 처음 접하면서 꿈을 키우기 시작했다. 그러나 현실은 순조롭지 않았다. 시설 자재 비용이 만만치 않아 겨우 비용을 충당하여 60평짜리 비닐하우스를 짓고 오이를 재배하기 시작했다.

하지만 밀폐된 온실이란 걸 잊고 비료를 과하게 준 것이 그만 농사를 망치고 말았다. 또한, 정식 준비가 한창이던 대나무 온실 4동이 겨울 강풍으로 인해 모조리 쓸려가 버렸다. 1980년에는 여름 수해로 작목한 오이가 전부 떠내려가고 말았다.

거듭되는 이러한 시련들이 그에겐 전화위복의 계기가 되었던 걸까. 늘 겨울의 계절풍에 마음 졸였던 한 명인은 근본적인 대책을 세워야만 했다. 강풍에도 견딜 수 있도록 온실을 단단한 철 파이프로 교체하면서 16동으로 과감하게 확대하였다. 작물도 다양화하여 달래, 쑥갓, 시금치, 무, 배추, 참외수박, 노지 배추 순으로 복합영농을 도입하기도 하였다. 하지만 채소 위주의 농사로는 승산이 없음을 깨닫고 1983년 과채류로 전환했다. 그러나 시련은 거듭되었다. 이번엔 여름 대홍수로 인해 하천 제방이 붕괴되어 온실의 천창까지 물에 잠겨버렸다. 그는 또다시 일어섰다.

> **Tip**
>
> **무경운 재배**
>
> 일련의 포장작업 중에서 경운, 정지과정을 생략하는 재배법. 무경운 재배용으로 개발된 농기계를 이용해 종자가 떨어지는 부위에 골을 타거나 폭 5cm, 깊이 3~4cm 정도의 표층토를 파쇄하여 파종하는 방법이다. 수확물 잔재를 포장전면에 그대로 남겨주는 것을 전제로 한다.

> 정밀 측정 장비를 이용해
> 작물에 부족한 성분과 과도한 성분이
> 무엇인지를 파악하며 자료를 축적
> 활용함으로써 부작용을 해소하고
> 균형 잡힌 토양관리가 가능해졌다.

이번엔 딸기로 전환했다. 오이의 수경재배 경험을 살려 딸기에 맞는 재배법을 연구하기 시작하였다. 2003년부터 땅을 갈지 않는 무경운(無耕耘) 재배방식을 도입하면서 많은 변화가 일어났다. 정밀 측정 장비를 이용해 작물에 부족한 성분과 과도한 성분이 무엇인지를 파악하며 자료를 축적 활용함으로써 부작용을 해소하고 균형 잡힌 토양관리가 가능해졌다. 무경운 재배법이 본격적으로 전국에 퍼지기 시작한 것은 그가 2011년 전국 아카데미 딸기연구회의 회장직을 맡고 시설채소의 사례를 소개하면서부터다.

그는 실패와 시련이 거듭됨에도 굴하지 않고 배우며 부단히 노력했다. 그 결과, 2019년 서울 가락시장에서 딸기로 역대 최고의 경매가를 기록하였다. 상품성을 높이고 효율적인 재배기술을 알리기 위하여 어디든 찾아간다는 한민우 명인. 그는 오늘도 지역 주민들을 화합된 공동체로 이끌며 전국의 농업인들과 정보를 공유하고 있다.

농업의 미래를 만나다
대한민국 최고농업기술 명인
56人

과수

96
3대째 이어지는 끊임없는 혁신
현명농장 이윤현 명인

100
대한민국 단감의 우수성을
세계에 알리다
부부농장 성재희 명인

104
사과나무와 대화하는 사과명인
주신福사과농원 주신복 명인

108
특화된 참다래 재배기술로
제스프리를 넘는다
영길농원 장영길 명인

112
농업전략 더한 '돈 열리는' 사과나무
홍로원 김재홍 명인

116
전통의 사과 명가
3대가 농사짓는 땅강아지사과밭
땅강아지사과밭 김정오 명인

120
성실함이 만드는 신화창조
해돋이 농원 김종오 명인

124
우리 농업, 우리 감을 세계에 알린다
다감농원 강창국 명인

128
포도 재배기술의 끊임없는 연구로
과수농업의 혁신을 이루다
로컬랜드 이대훈 명인

132
포도의 한류를 이끈다
봉도월포도원 박용하 명인

136
도장지 활용법으로
복숭아 명인에 올라서다
풍원농원 이재권 명인

140
모두가 말리던 도전
달콤한 성공의 열매를 맺다
부저농원 이평재 명인

3대째 이어지는
끊임없는 혁신

현명농장

이윤현

📍 경기 화성시 비봉면 일묵동길
📞 031-356-3315
🌐 www.hmfarm.co.kr

"일제강점기 때 일본에서 신고 배를 처음으로 들여온 분이 저의 조부님이셨습니다.
할아버지와 아버님이 하시던 일을 승계받았지만 평범한 농사에 안주하고 싶지는 않습니다.
새로운 재배기술 개발로 품질을 향상시키고 명품 배를 만들기 위해선 늘 도전해야 한다는
생각입니다."

'화성의 에디슨' 명인 부부의 명품 배

이윤현·이명자 명인 부부의 꿈은 세계인에게 사랑받는 최고의 명품 배를 생산하는 것이다. 그는 1973년 서울 압구정동에서 현재 농장인 경기도 화성시 비봉면으로 터전을 옮겨 3대째 이어지는 배 과수원을 경영하고 있다. 끊임없이 연구하는 자세로 40여 건에 달하는 특허출원 덕분에 '화성의 에디슨'이라는 별명을 얻었다. 주 재배 품종은 신고·원황·수황·황금·한아름 등이며 대만과 인도네시아에 수출도 하고 있다.

그는 가뭄과 태풍 등 자연재해에 대비한 다양한 재배기술 및 설비를 개발하여 7.27ha의 과수원을 완벽한 전천후농장으로 가꾸었다. 일주일만 비가 안 오면 곧바로 관수를 실시할 수 있도록 6공의 암반관정을 굴착하여 하루2,000톤의 물을 생산할 수 있는 설비를 갖추었고, 90cm 간격으로 평덕시설(낙과 방지를 위해 과수 주변에 설치하는 철사구조물)을 설치하여 태풍 피해를 대비했으며, 높이 4.5m의 파이프를 10m 간격으로 세운 뒤 반영구적인 방조망을 설치하여 조류 피해를 막았다.

산업화에 따른 공기오염으로 과실의 수정률이 점점 떨어지자 1991년에는 일본 이치가와시 영미지부를 벤치마킹하여 인공수분기술을 배웠고, 인공수분기계를 도입해 국내 농가에 보급하기도 했다. 또 배 봉지 입구에 필터를 부착한 친환경 과일보호봉지를 개발·보급하여 꼭지 부위의 오염이 없고 착색이 완벽한 최상품의 배를 생산

대한민국 최고농업기술명인의 비법

농산가공품 및 관련 자재 신기술 연구개발

친환경농법 개발로 녹색기술 보급

ISO22000, GAP 인증, 경기도지사인증 G마크, 화성시특산물인증

> 끊임없이 연구하는 자세로 40여 건에 달하는 특허출원 덕분에 '화성의 에디슨'이라는 별명을 얻었다.

- **선정 년도 및 분야**
2009년 과수부문

- **주요 품목**
배 및 배가공품

- **지역파급효과**
인공수분기계를 도입해 국내 배 재배농가 확산에 기여. 배 수출협의회 조직구성과 수출개척에도 기여. 배꽃축제, 수확시기에 배 수확체험 등 농촌어메니티를 활용한 도·농교류에 기여

- **R&D 기술접목**
유기물 퇴비 자가생산, 저장환기자동제어 실용신안특허, 특허 받은 배봉지 개발·활용

할 수 있는 길을 개척하였다. 이 봉지를 사용하면 과일 재배 시 각종 작물보호제, 공해, 황사, 미세먼지 등을 예방할 수 있다.

뿐만 아니라 과일 저온저장 시 수분증발을 최소화 할 수 있는 열 감지 환기자동화시스템과 저장고 내 배출가스 자동측정 장치 등 보관설비의 과학화로 맛과 품질이 유지되어 배를 장기 보존할 수 있도록 했다. 또한 오래 전부터 비파괴 당도측정기를 활용하여 배의 등급을 선별하는 등 철저한 품질관리로 고객의 만족을 꾀해 오며 늘 학구적인 영농 자세로 정평이 나 있다.

비파괴당도측정기 이외에도 자동테이핑 및 밴딩기, 지게차 및 팔레트, 자동제함기 작업으로 인력소모를 줄이고 시간당 생산효율을 높이고 불량률을 감소시킴으로써 소비자 만족에 기여해 왔다. 생과 이외에도 생강과 도라지를 넣은 배즙, 배고추장, 배조청, 배캔디, 배칩, 배떡, 배깍뚜기 등 배를 주원료로 하는 아이디어 상품개발에도 힘쓰고 있다.

> **Tip**
>
> **배의 다양한 변신**
>
> 농산물의 부가가치를 높이는 다양한 가공식품들. 특히 배를 이용한 발효식초는 흑미, 현미, 애플민트 등을 활용한 발효식초와 비교했을 때 품질특성이 가장 우수하였으며 필수아미노산과 비필수 아미노산의 함량이 높아 영양적으로 우수한 것으로 연구됐다.
> (배를 이용한 발효식초의 품질특성, 박연옥, 한국식품저장유통학회: 23(6), 2016)

기술로 품질 잡고, 고객도 잡다

이 명인은 지구온난화 대비한 재배기술 연구개발을 위해 지난 30여 년간 단 하루도 빠짐없이 영농일지를 기록하여 자기반성과 함께 보다 합리적이고 과학적인 영농방법을 모색해 왔다. 지금도 틈만 나면 카메라와 필기도구를 들고 국내외 배 농장 현장견학을 다녀와 배울 점과 보완할 점 등을 기록하며 자신의 농장에 접목하거나 실천할 것들을 찾고 있다.

농장의 배나무들은 평균수명이 35년이 넘어 과수로서는 고목에 속하지만 올바른 토양시비관리로 뿌리를 활성화하고 새로운 가지를 만드는 등 세심한 수세관리를 통해 수목의 노령화에 따르는 문제점을 무리 없이 극복해 가고 있다.

틈만 나면 카메라와 필기도구를 들고 국내외 배 농장 현장견학을 다녀와 배울 점과 보완할 점 등을 기록하며 자신의 농장에 접목하거나 실천할 것들을 찾고 있다.

고객관리와 농장 운영에도 명인의 깊은 고민이 담겨있다. 4월이면 아름다운 농장을 배경으로 배꽃 축제를, 10월에는 배따기축제를 열었다. 이때는 농장견학과 시식행사 이외에 유명 음악가들을 초청해서 농장음악회와 직거래 장터를 개최하기도 했다. 감성 마케팅, 문화 마케팅의 시대에 배꽃 축제와 배 수확체험을 통해 고객의 마음을 사로잡기 위한 전략이기도 하다.

전 현명배문화연구소 소장직을 맡고 있는 아내 이명자 씨. 현명농장이라는 이름은 이들 부부의 이름을 한자씩 따와서 지었다. 그만큼 이명자 씨도 학구열이라면 남편에 뒤지지 않는다. 그는 배즙, 도라지와 생강을 넣은 배조청, 배고추장, 배깍두기 등 2차 가공품 개발·생산을 담당하고 있으며 품질 면에서 고객들의 찬사를 받고 있다. 3대째 가업을 이은 배 사랑 농업인 이윤현 명인의 '최고의 배'를 향한 집념은 아직도 진행형이다.

대한민국 단감의 우수성을
세계에 알리다

부부농장

성재희

📍 경남 진주시 대곡면 진의로
📞 055-758-8696

경남 진주에는 대한민국의 첫 번째 감 명인이 있다.
1975년부터 생력화된 단감과원조성과 새로운 기술 습득을 활용한 선도적인 과원 조성으로 단감 불모지였던 진주 지역을 단감 주산지역으로 발전시킨 장본인. 부부농장 성재희 명인을 만나보았다.

항상 연구하고 개발하는 자세

국내 단감 재배의 일인자, 단감 박사. 단감을 재배하는 농업인이면 누구나 한 번쯤은 들어본 사람. 바로 부부농장의 성재희 명인이다. 그는 약 5만㎡의 면적에서 지난 40여 년 동안 오로지 고품질 단감 생산에 매진해온 단감 재배의 선구자로서 지난 2009년에는 대한민국 최고농업기술 명인으로 선정되었다. 현재까지도 부부농장에는 매년 그의 재배방법을 배우고 견학하기 위해 국내외 많은 사람들의 발길이 끊이지 않고 있다.

"농사는 하늘이 만드는 작품입니다. 농업인은 조력자로서 더 훌륭한 조력자가 되기 위해 항상 연구하고 개발해야 합니다."

성 명인은 매년 1~2회 일본 등 해외의 연구기관과 전문가를 찾아가 새로운 기술을 배우고 자신의 방법으로 만들기 위한 노력을 계속해 나가고 있다. 이러한 노력으로 명인이라는 이름에 부끄럽지 않게 자신을 계속해서 발전시키고 있다. 특히 그는 암거배수시설, 저수고 재배와 과원 초생재배법 등 농업신기술 개발과 적용에 앞장선 것으로 잘 알려져 있다.

대한민국 최고농업기술명인의 비법

- 암거배수시설을 이용한 토양 관리
- 단감과원 초생재배법 개발로 환경 농업 실천
- 저수고 재배를 통해 단감 품질 및 수확량, 수확 편의성 제고

<u>가지치기(전지·전정)로 나무 높이를 3m 이하로 낮추어 고품질 단감을 생산하는 그의 비결이 알려지면서 매년 많은 사람들이 부부농장을 찾아와 기술을 배우고 있다.</u>

❀ 선정 년도 및 분야
2009년 과수부문

❀ 주요 품목
단감

❀ 지역파급효과
단감과원조성으로 진주를 단감주산지역으로 발전, 국내외 농업인과의 교류로 신지식과 기술

❀ R&D 기술접목
저수고 재배법 실시, 가지 각도 조절(60°→70°)로 유효면적 증가

암거배수시설, 저수고 재배 등 농업신기술 개발

"오랜 시간동안 감을 재배하면서 관수보다 배수가 더욱 중요하다는 것을 깨달았습니다. 이에 땅 밑 1m 깊이에 유공관을 묻는 '암거배수시설'을 설치해서 뿌리에 공기가 잘 통하도록 하여 토양을 관리하고 있습니다."

또한 '저수고 재배', 즉 사다리 없는 농법을 실시하였다. 가지치기(전지·전정)로 나무 높이를 3m 이하로 낮추어 고품질 단감을 생산하는 그의 비결이 알려지면서 매년 많은 사람들이 부부농장을 찾아와 기술을 배우고 있다. 이 기술은 기존의 수형에서 나타나는 △수확 및 약제살포의 어려움 △병해충 다발생 △과일이 열리지 않는 무효면적 증가 △작은 과실과 낮은 당도 △태풍의 약함 등의 문제점을 개선하기 위해 나무의 최고 높이를 3m로 제한하는 가지치기를 실시하는 것이다. 이를 통해 △수확의 간편함 △무효면적 감소 △약제살포의 높은 효율 △과실의 크기와 당도 향상 △병해충 감소 △과피 흑변 발생 감소 등의 효과를 볼 수 있다. 아울러 나무 아래 가지의 각도를 60°에서 70°로 변경하여 영양이 가지에 골고루 퍼져 유효면적이 많아지도록 하여 250g 이상의 과실을 기존 5~10%에서 70% 이상으로 향상시켰다. 뿐만 아니라 성 명인은 1994년 국내 최초로 '둑새풀을

> **Tip**
>
> ### 초생재배
>
> 과수원의 초생재배는 지표면을 피복해 잡초 발생을 억제하면서 양료의 이탈을 막고 배수를 조절한다. 이는 과수의 생육에 도움을 주며 제초제를 사용하지 않아도 되기 때문에 친환경 농법이 가능해진다. 잦은 제초로 인한 비용도 절감하고 과수의 품질도 높일 수 있는 방법이다.

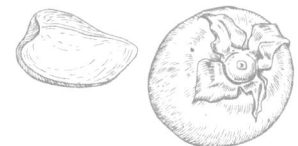

명인이 수확한 대부분의 단감은
백화점을 통해 판매되고 있고
한 백화점과는 독점계약을 진행할
정도로 품질을 인정받고 있다.

이용한 단감과원 초생재배법'을 개발하여 환경농업을 실천하였다. 과원 잡초문제를 둑새풀을 이용하여 자연적으로 해소한 것이다. 지금도 개자리를 이용한 초생재배로 연중 제초비용 절감 및 환경농업을 지속적으로 실천하고 있다. 이외에도 조피와 낙엽처리를 통해 철저한 병해충 방제도 실시하고 있다.

직접 개발한 농업신기술을 적용하여 생산된 부부농장의 고품질 단감은 '다정다감'이라는 브랜드로 소비자들에게 친숙하게 다가서고 있다. 또한 수확한 대부분의 단감이 백화점을 통해 판매되고 있고 한 백화점과는 독점계약을 계속 진행할 정도로 품질을 인정받고 있다.

"다정다감이라는 이름 때문인지 전과 비교해 판매율이 30~40% 정도 증가했습니다. 브랜드 전략이 주효했다고 생각합니다."

전국 단감 최고 이론과 실기를 갖춘 전문경영인

성 명인은 단감 주산지역 순회 및 인근 시도와 상호 농장 방문 등 정보 교류를 통해 습득한 기술과 일본의 단감 재배 지침서를 번역해 농가에 보급하는 등 농업인들의 기술 발전에 기여하고 있다. 특히 진주시 단감 연구회를 조직하고 단감재배 세계 최고 기술 도전 경쟁력 강화를 위한 다양한 세미나를 개최하는 등 농업인에게 현장 교육을 통하여 신지식과 기술을 전수하는 데 앞장서고 있다.

"앞으로도 계속해서 친환경 녹색농업구현, 단감 재배의 과학화와 산업화로 농업 선진화 달성, 친환경·GAP 농산물생산 등을 실천하겠습니다. 특히 국내 고품질 단감의 해외수출 개척으로 세계인의 입맛을 사로잡을 그 날을 위해 최선을 다하겠습니다."

사과나무와 대화하는 사과명인

주신福사과농원

주 신 복

📍 경북 문경시 동로면 적성리
📞 054-572-3111

'기적의 사과'로 유명한 일본의 기무라 아키노리 씨.
겨울철 사과 밭을 돌며 사과나무와 이야기 하는 TV속 장면은 많은 농업인과 소비자들에게 깊은 인상을 남겼다.
국내에서도 환원순환농법으로 친환경 기능성 사과를 재배하는 여성 농업인이 있다.
사과의 고장 문경에서 사과나무와 대화하며 사과나무를 관찰하는 농업기술명인 주신복 대표가 그 주인공이다.

귀농으로 시작해, 최고농업기술명인까지

문경시 동로면 적성리 해발 450m 황장산 자락에 위치한 주신福사과농원. 새도 날기 힘든 고개란 뜻의 '문경새재' 끝자락 하늘과 맞닿은 이곳에는 전국 최고 품질의 친환경사과가 자라고 있다.

"처음 이곳에 시집을 오고 나서 주위를 살펴보니 말 그대로 첩첩산중이었습니다. 농사라고는 근처도 가보지 못한 제가 할 수 있는 일이 무엇일까 고민하다 경북의 대표과일 사과나무를 심기로 결정했습니다."

그렇게 아무것도 모르던 부부는 35년간 한결같이 사과나무에 매달렸다. 당연히 사과재배에 대한 기술이 없었기 때문에 농업기술센터에서 교육을 받고, 주변 독농가에서 일을 해주며 조금씩 재배기술을 터득했다. 우선적으로 생산되는 모든 사과의 품질을 올리자는 목표를 세우고, 주변의 토양과 기후, 습도 등 다양한 영향요소들을 하나하나 확인하고 문제가 발생하면 그 답을 찾아 나무에 적용하기 시작했다.

"사과재배에 특별한 답은 없습니다. 항상 나무와 환경을 관찰해 평균값을 만들어 적용하는 것이 최선입니다. 35년간 사과를 재배하면서 느낀 것은 '자연의 법칙은 소중하다'는 것입니다."

대한민국 최고농업기술명인의 비법

환원순환농법으로 기능성 아미노산 사과 생산

자체 개발한 살충, 살균제를 사용해 기능성 사과 생산

사과추출물+불가사리 발효 추출+미량원소로 영양제 제작 및 살포

주신복 명인이 말하는 환원순환농법은 적과 및 상품성이 없는 사과, 도장지 등의 부산물을 저온으로 열분해 숙성시킨 수액을 사용하는 농법이다.

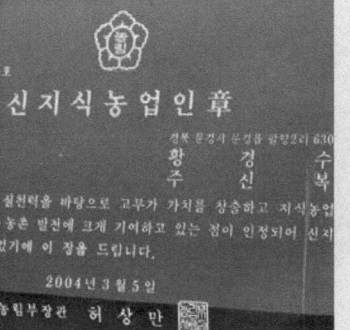

- ❀ 선정 년도 및 분야
2011년 과수부문

- ❀ 주요 품목
사과

- ❀ 지역파급효과
한국여성농업인중앙연합회 활동 및 사과순환농법 기술을 연간 200명 이상 교육 실시

- ❀ R&D 기술접목
적과 및 상품성이 없는 사과 등의 분산물을 저온 열분해, 탄화추출해 수액을 채취하고, 그 수액을 다시 발효해 산야초, 한약 등을 혼합해 살충제, 살균제를 만들어 사용

친환경 사과재배의 길잡이 '환원순환농법'

주신복 명인이 말하는 환원순환농법은 적과 및 상품성이 없는 사과, 도장지 등의 부산물을 저온으로 열분해 숙성시킨 수액을 사용하는 농법이다. 이 수액을 활용하면 농사에 필요한 대부분의 자재를 만들어 사용할 수 있다. 사과추출물(수액) 50~65%+유황 및 살균력이 있는 재료를 혼합하면 친환경 살균제가 되고, 사과추출물에 마늘, 은행, 고삼, 담배 등의 살충력이 있는 재료와 융합하면 살충제가 된다.

이렇게 만든 자재를 사과농원 24절기에 맞춰 관주 및 엽면 살포해 준다. 사과에 필요한 영양분은 사과 자체에 있기 때문에 사과의 모든 것을 되돌려 주면 신진대사가 촉진되고, 각종 병해충으로부터 식물체를 보호할 수 있게 된다. 주 명인은 여기서 그치지 않고 기능성 사과에 대한 연구를 시작했다.

"친환경사과에 '기능성을 더하면 어떨까?' 하는 생각으로 시작해 현재 다양한 기능성 사과를 생산하고 있습니다. 미네랄 사과는 불가사리에서, 아미노산 사과는 콩에서, 진코민 사과는 은행에서, 토코페롤 사과는 야생다래와 감에서, 오메가 사과는 쇠비름에서 그 답을 만들어 가고 있습니다. 인위적인 첨가물이 아닌 자연에서 많이 보는 재료에서 성분을 도입해야 순환농업이 가능하기 때문입니다. 자연을 알면 건강이 보이고, 건강을 만들면 부농의 꿈을 이룰 수 있다고 굳게 믿고 있습니다."

주 명인이 생산한 사과는 아삭아삭한 식감에 평균 당도가 18°Bx 이상으로 다른 농가에 비해 20~30% 높은 가격을 받으며, 성원 APC와 김천 APC를 통해 전국 각지로 판매되고 있다. 주신福사과농원은 지난 2009년 농림축산식품부 지정 현장실습교육장으로 선정돼 매년 수많은 교육생을 배출하고 있다. 후계농업인을 비

> **Tip**
> ### 현장실습교육장(WPL)
> 이론교육장과 실습장 등을 갖추고, 선도농업인이 보유한 전문기술과 핵심노하우를 후발 농업인에게 전수하는 현장 실습형 교육장. 각 품목의 베테랑 농업인들과 전문가들이 현장교수가 되어 직접 실시하는 맞춤형 멘토 교육이라는 점에서 교육생의 수요와 만족도가 높다.

<u>자연을 알면 건강이 보이고,
건강을 만들면 부농의 꿈을 이룰 수 있다고
굳게 믿고 있습니다.</u>

롯해 귀농인, 현직 사과농장주도 그녀의 농사비법을 전수 받기 위해 농장을 찾고 있다.

"작지만 소중한 경험과 개발된 기술을 바탕으로 친환경 순환농업 사과재배 기술을 희망하는 농가들에게 보급하고 있습니다. 한·미 FTA 체결 등 국내외적으로 어려운 환경에 처해 있는 사과산업을 비롯한 우리 농촌에 희망의 씨앗을 심어 나가겠습니다."

특화된 참다래 재배기술로
제스프리를 넘는다

영길농원

장영길

◉ 경남 사천시 삼상로
◉ 055-833-9313

외국산 골드키위에 대응하기 위해 농촌진흥청이 개발한 제시골드를 내륙에서 가장 먼저 재배해 성공한 장영길 대표. 그가 참다래 재배 농업인들에게 최고의 명인으로 손꼽히는 이유는 체계적이고, 실용적인 영농기술의 보급 때문이다. 어렵게 습득한 자신만의 노하우를 아낌없이 전파하는 참다래 박사, 장영길 명인을 만나본다.

1등 발명가이자 참다래 박사

1991년 수입에 의존하던 자체 인공 수분기를 개발, 1993년 경남 지역 400여 농가에 보급해 7,000만 원의 경비절감 효과를 가져 온 사람이 있다. 그 사람은 1995년 자체 인공수정에 필요한 석송자(일본 수입)를 대체하기 위해 숯가루를 연구해 인공수정에 성공했으며, 이 기술로 생산비를 90% 이상 절감할 수 있게 되었다. 참다래 분야의 최고농업기술명인 장영길 대표다.

그는 국내 참다래 분야에 큰 획을 긋는 발명을 5개나 했지만 모두 특허출원을 하지 않고 참다래 농가들에게 전수했다. 1991년 인공수분기, 1995 화분보충제, 1996년 꽃가루 건조기, 2005년 꽃가루증류망(체), 2008년 시설재배하우스 상부유인고리 등이 모두 그의 작품이다.

"1982년 직장생활을 하면서 농사를 병행했습니다. 한전에서 근무한 경력이 있어 자연스럽게 기계를 잘 만지게 되었고, 덕분에 많은 발명은 손쉽게 했던 것 같습니다. 정부가 UR 협상을 앞두고 수입농산물에 대응하기 위해 마련된 교육장에서 처음 참다래를 접하게 되었습니다."

장 명인은 수입개방으로 어려워진 농업현실 속에서 고소득을 올릴 수 있는 작목을 찾다가 참다래를 접하게 되어 1986년 참다래 농사를 시작했다.

지금은 20,000㎡의 면적에서 국내 최고 품질의 참다래를 생산하고 있는 참다래 명인이지만 처음 재배하는 참다래 농사는 녹록치가 않았다. 배수가 잘 되지 않는 땅

대한민국 최고농업기술명인의 비법

참다래 재배에 필요한 인공수분기, 화분보충제, 꽃가루 건조기 등 개발

친환경농업을 위한 유기농 질소질 비료 개발

자체영양제를 개발해 생산비 절감 및 품질향상

그는 국내 참다래 분야에 큰 획을 긋는 발명을 5개나 했지만 모두 특허출원을 하지 않고 참다래 농가들에게 전수했다.

※ 선정 년도 및 분야
2012년 과수부문

※ 주요 품목
참다래

※ 지역파급효과
경남참다래연합회 결성, 전국참다래자조회 대표를 역임하고 참다래 재배력을 개발해 전국 참다래 농가에 보급

※ R&D 기술접목
자체 인공수분기 개발, 꽃가루 건조기 개발, 자체 영양제 개발

에 심었던 참다래가 죽기를 여러 번, 기술이 부족해서 초창기에는 많은 고생을 했다. 그래서 그가 선택한 것은 교육, 또 교육이었다.

어렵게 배운 참다래 기술을 전파하다

어려운 농촌여건 속에서 영농정착 의욕을 키우기 위해 명인은 농업기술원, 농업기술센터, 농협 등에서 실시하는 참다래 교육에 수시로 참가했다.
"전국에서 참다래 교육을 하는 곳이 있으면, 어디든 참가해서 교육을 받았습니다. 또한 어려운 여건 속에서 경쟁력을 키우기 위해서는 친환경·유기농업이 답이라 생각해, 유기농업 기술을 접목해 참다래를 재배했습니다."
명인은 친환경·유기농업이라는 개념이 없었던 1990년대 초기부터 친환경농법으로 참다래를 재배해 1993년 국립농산물검사소에서 '인증표시사용승인서'를 획득했다. 또한 2010년 8월, 참다래 부문으로는 최초로 무농약 인증을 획득했다.
그는 이렇게 어렵게 습득한 참다래 재배기술을 혼자서 독차지 하지 않고 주위 참다래 농가들에게 알리기 시작했다. 경남참다래협회 기술강사를 역임하면서 그는 참다래 교육 12회, 농업기관 사례발표 22회 등 열성적으로

> **Tip**
>
> **제시골드(Jecy Gold)**
>
> 과형은 달걀을 거꾸로 놓은 모양이며 과육색이 밝은 노란색으로 풍미가 좋고 육질이 유연하다. 과일 표면의 털이 부드러운 솜털 모양으로 수확할 때 상처를 입기 쉬우므로 세심한 수확 작업이 필요하다. 2005년 국립종자원에 품종보호등록(1227호)됐다.

교육을 실시했다. 이런 결과로 삼천포 지역은 물론 경남 전체의 재배면적 확대 및 농가소득 증대에 큰 역할을 담당해 1996년 '신한국인'으로 선정, 청와대의 초청을 받아 김영삼 대통령으로부터 격려를 받았다.

제스프리 VS 제시골드

시장을 석권하고 있는 제스프리골드에 맞서기 위해 그가 선택한 것은 농촌진흥청 신품종 품평회에서 본 제시골드였다. 제시골드를 보급하기 위해 국내 처음으로 2008년 FTA기금 시설현대화사업 대상자가 된 명인은 자부담을 투입 10,000㎡의 시설하우스를 설치해 제시골드 품종을 식재했다. 그의 기술력으로 지역에 적응한 제시골드를 보기 위해 전국에서 600여 농가가 견학을 다녀갔고, 참다래 신품종 현장 평가회 2회, 워크숍 1회를 현장에서 개최해 전국에 제시골드 품종 보급에 큰 역할을 했다. 국산품종의 가능성을 보여준 쾌거라 할 수 있다.

참다래에 대한 그의 연구는 끊이질 않고 있다. 외국품종의 재배에 따른 로열티 지불을 막기 위해 농진청에서 신품종 참다래 묘목을 분양 받아 품종별로 교접을 실시해 다양한 작물 실험을 하고 있다. 조생종 참다래 재배를 하고자 하는 주위 농가들에 기술을 보급해 주고 있으며, 조생종 묘목을 생산해 7,000여 주를 무상 공급하기도 했다. 한 평생을 참다래 연구에 바친 장영길 명인. 우리나라 참다래가 제스프리와 어깨를 나란히 할 날을 기대한다.

조생종 참다래 재배를 하고자 하는 주위농가들에게는 기술을 보급해 주고 있으며, 조생종 묘목을 생산해 7,000여 주를 주위 농가에 무상 공급하기도 했다.

농업전략 더한 '돈 열리는' 사과나무

홍로원

김재홍

◎ 전북 장수군 장수읍 장천로
☎ 063-351-7050

아삭아삭한 식감과 높은 당도, 홍로 사과를 반으로 쪼개면 꿀이 가득하다.
추석 차례상 위에 올라가는 사과의 대부분은 바로 이 홍로 품종이다.
전남 장수는 위도가 낮지만 지리산 자락에 붙어 해발이 높아 고랭지 농업이 가능하다.
사과가 성장하기에 장수는 최적의 장소다. 평생을 사과에만 바쳐온 홍로원 김재홍 명인을 만났다.

홍로의 시작

홍로 사과의 이름을 딴 홍로원은 홍로 사과의 '고향'이라고 해도 과언이 아니다. 추석 사과 판매의 90%를 차지하는 홍로 사과. 홍로가 육종되기 전에 재배했던 세계일과 홍월, 북두, 양광 등 대부분이 외국에서 들여온 품종이었다. 차례상에 올라가는 사과가 외국 품종인 것도 안타까운 일이지만 이들 사과는 추석과 출하시기를 맞추는 것이 특히 어려웠다. 보통 9월 하순이나 10월 초가 되어야 출하되지만 추석이 빠를 경우에는 강제로 봉지를 씌워 키운다. 출하시기에 맞춰 색은 붉게 나타나지만 당도는 떨어진다. 그야말로 빛 좋은 개살구인 것이다.

"홍로가 갖는 큰 장점은 일단 색이 예쁘고 빨갛게 잘 난다는 거예요. 굵은 사과를 만들 수 있죠. 전정과 꽃을 속아주는 작업을 과감하게 하고 적과를 많이 하면 돼요. 이런 과정들을 하나하나 깨우쳤고 지금은 많이 보편화됐죠. 누구나 마음만 먹으면 좋은 품질의 사과를 생산할 수 있어요."

홍로 품종은 1987년 개발됐지만 마땅한 주산지를 찾지 못해 도태 위기에 있었다. 홍로 나무에는 꽃이 많이 피는 편인데 예전에는 꽃봉오리를 속아주는 작업을 거치지 않다 보니 나무의 한정된 영양분으로 실한 사과를 키워내는 것은 역부족이었다. 명인은 홍로를 키우면서 다

대한민국 최고농업기술명인의 비법

저수고밀식과원, 조기다수확 조성 기술 등 사과 신기술 도입 및 전수에 앞장

사과 전문교육, 사과 명예지도사 육성, 홍로사과연구회 조직 등 사과 전문인력 육성

2배 가까운 열매솎기와 선별작업 정립

명인은 홍로를 키우면서 다양한 실험을 했고 노하우를 아낌없이 주변 농가들과 나눴다.

※ 선정 년도 및 분야
2013년 과수부문

※ 주요 품목
사과

※ 지역파급효과
홍로사과연구회 조직, 사과 교육을 통해 사과재배 농업인 양성, 상향 평준화로 홍로품질을 향상시킴

※ R&D 기술접목
홍로에 맞는 절단 전정법 개발 및 방제법 개발로 최초 재배 성공

양한 실험을 했고 노하우를 아낌없이 주변 농가들과 나눴다. 홍로가 전국에서 가장 잘나가는 '맛있는 사과'가 되기까지에는 명인의 이러한 역할이 컸고, 2013년 명인에 선정됐다.

사과 농업의 발전을 위해서

사실 국내육성품종 보급 시범사업에 참여한다는 것은 위험성이 크다. 몇 년에 걸쳐 신품종을 재배했지만 결과적으로 품질이 떨어지면 농가 입장에서는 손실이 상당하기 때문이다. 오늘날 신품종 육종사업에 참여할 때에는 농촌진흥청에서 전액을 지원해준다. 농가는 신품종을 심기만 하면 되기 때문에 피해가 덜하다.
사과에 대한 명인의 열정은 여전하다. 홍로를 지금의 자리로 올려놓은 지 10년이 넘은 오늘, 명인은 홍로를 대체할 신품종 육성을 시도하고 있다. 현재 명인이 새롭게 시도하고 있는 것은 썸머킹과 아리수 품종. 명인의 말을 빌리자면 홍로 품종보다 맛이 좋다고 한다.
"2018년 장수에서 열리는 '사과랑 한우랑' 축제에 이곳에서 홍로와 아리수를 대상으로 블라인드 시식 테스트를 했어요. 소비자들의 85%가 아리수를 선택했죠. 좋은 품종이에요."
홍로의 단점은 나무의 수명이 비교적 짧다는 것이다. 홍로 나무가 10년 이상 넘어가면 과실의 품질이 점차 떨어진다. 고목이 된 탓에 일손은 더 들어가지만 알이 작아진다. 명인은 아리수 사과가 홍로의 자리를 대체할 수 있을 것으로 전망했다.
"크기는 조금 작지만 홍로 대비 색깔이나 모양, 맛, 당도, 재배 과정에서 병해충 등에 굉장히 강합니다. 오래 재배를 해보지 않아서 잘 모르지만 나무의 특성을 보면 나무 수명도 홍로보다는 괜찮을 것으로 예상합니다. 홍로가

Tip

썸머킹과 아리수

지난 2013년부터 보급되기 시작한 사과 품종. 여름 사과인 썸머킹은 과즙이 풍부하고 씹는 맛이 좋다. 일본 쓰가루(일명 아오리 사과)의 대체 품종으로 육성됐다. 홍로와 익는 시기가 비슷한 아리수는 홍로의 부족한 수요를 충족하면서 이를 대체할 수 있는 품종이다.

> 명인이 바라보는 농업에는
> 많은 기회가 있다.
> 과학의 원리에 따라 재배되는 농업이기에
> 그에 따라 새로운 기술이 계속해서
> 개발돼야 한다고 봤다.

대세인 시장에서 아리수가 얼마나 그 틈새를 파고들어서 자리매김할지는 아직 모르겠지만 개척을 해나가야죠."

명인은 현재 사과나무의 꽃눈 솎는 작업을 2배로 빨리하는 방법을 개발해 실험 중이다. 노동력을 절감하면서 맛좋은 사과를 만들기 위해 중요한 작업 과정이다. 실험이 끝나면 이 기술을 자신 있게 보급할 계획도 세우고 있다.

명인이 바라보는 농업에는 많은 기회가 있다. 과학의 원리에 따라 재배되는 농업이기에 그에 따라 새로운 기술이 계속해서 개발돼야 한다고 봤다. 결국 이를 찾는 것은 젊은 세대의 몫이며 열심히 하기만 하면 농업으로 먹고살 방법은 충분히 많다고 조언을 건넸다.

"옛날 저희 부모님 세대에서는 자식이 농사를 짓는다고 하면 힘들다고 말렸지만 오늘날의 농업은 다릅니다. 하고자 하는 의지와 열정만 있다면 방법은 있어요. 장수 지역에도 젊은 귀농인들이 참 많습니다. 모두들 열심히 일하고 있어, 이곳에서 차세대 명인이 많이 매출되리라 생각합니다."

전통의 사과 명가
3대가 농사짓는 땅강아지사과밭

땅강아지사과밭

김정오

◎ 경남 거창군 거창읍 동변길
☎ 055-943-6789
🌐 www.apple114.org

"사과는 우리 가족의 희망이자, 꿈입니다. 우리의 대를 이어 2대, 3대, 4대로 계속되면서 사과 사랑의 꿈을 안고 살아 갈 것입니다." 사과재배 농업인으로 사과 하나만을 사랑하며, 친환경농법으로 안전하고 믿을 수 있는 사과를 재배하고 있는 사과명인 김정오 대표. '땅강아지사과밭'에서는 1대 김정오, 2대 김은상, 3대 김지성, 김지후 3대가 함께 친환경사과를 재배하고 있다.

친환경농업 기술을 널리 알리다

사과 밭에서 아이들이 뛰어 놀고 있다. 한 아이가 사과나무에서 사과 하나를 따서 소매에 쓰윽 문질러 껍질째 사과를 먹고 있다. 사과를 재배하는 많은 농가에서 쉽게 볼 수 없는 장면이다. 일반적으로 사과는 재배기간이 길고, 병해충이 많아 친환경으로 재배하기 무척이나 힘든 작물이기 때문이다. 하지만 사과로 유명한 경남 거창의 '땅강아지사과밭'에서는 이런 장면이 일상이다.

"사과농사를 시작할 때부터 친환경으로 재배하겠다고 다짐했습니다. 1994년부터 시작한 농사부터 제초제는 아예 치지 않고 농약 횟수를 획기적으로 줄이는 친환경 농업을 실시했습니다."

김정오 명인의 친환경농업에 대한 믿음과 실천에는 풀무원 농장 창시자로 알려진 원경선 선생의 영향이 컸다. 원경선 선생의 영향을 받아 김 명인은 정농회 멤버로 친환경 농업에 매진해 '신지식농업인', '사과 마이스터', '대한민국 최고농업기술명인'에 선정됐으며 국가표준능력개발(NCS) 위원으로도 활동 중이다.

김 명인의 친환경사과 재배기술은 남다르다. 지난 2016년에는 『땅강아지사과밭- 두 번째 이야기』라는 책을 발간해 사과 친환경방제력을 비롯해 탄저병, 겹무늬 썩음병, 갈색무늬병 등과 함께 응애, 노린재 방제 등에 대한 내용을 상세히 정리해 수록했다.

대한민국 최고농업기술명인의 비법

사과나무 새로운 수형관리 방법, 해충기피제 제조방법 보유

돼지감자를 이용해 응애 및 나방류 방제

사과 친환경 방제력을 통해 껍질째 먹을 수 있는 안전한 사과를 생산

> 1994년부터 시작한 농사부터 제초제는 아예 치지 않고 농약 횟수를 획기적으로 줄이는 친환경농업을 실시했습니다.

- **선정 년도 및 분야**
  2014년 과수부문
- **주요 품목**
  사과
- **지역파급효과**
  거창 환경농업협회를 조직해 지회별로 친환경농업을 선도
- **R&D 기술접목**
  사과 착색제 · 사과밭 액비 · 병해충 방제력 개발

"홍로와 후지품종에는 폭염 등 이상기후가 발생할 때 밀증상이 나타납니다. 밀증상은 과육 내 축적된 전분이 당으로 변하는 과정에서 생기는 현상으로, 저장성을 크게 떨어뜨리고 심할 경우 껍질에 얼룩무늬가 생깁니다."
명인은 이런 밀증상을 식용 염화칼슘을 물에 500배로 희석해 사과나무에 5회 이상 뿌려주는 방법으로 예방한다. 이때 주의할 점은 식용 염화칼슘의 농도. 칼슘농도가 75%로 칼슘제보다 5배가량 높은 만큼 7~8월 고온기엔 희석비율을 1,000배 이상으로 늘려줘야 약해가 발생하지 않는다. 해충방제를 위해선 돼지감자를 이용한다. 돼지감자의 잎·줄기·뿌리를 솥에 넣고 100℃ 이상에서 12시간 끓인 물을 일반물에 25~100배로 희석, 작물에 뿌려주면 돼지감자의 이눌린 성분 때문에 청벌레와 나방, 애벌레, 응애류, 노린재 등의 방제에 매우 효과적이다.
명인은 이러한 친환경농업 기술을 매년 꾸준히 진행하고 있으며, 이런 기술을 후배 농업인에게 전달할 수 있도록 2009년 현장교수로 임명됐고 그 열정 덕에 2013년에는 전국 WPL 현장실습교육장 평가에서 최우수상을 수상할 수 있었다. 지난 2017년부터는 농업인을 대상으로 사과 재배에 대한 현장실습 교육 프로그램을 운영하고 있다. 교육 프로그램은 사과원 설계부터 재배, 수확까지의 시행착오를 없애기 위해 사과에 관한 모든 문제와 이해를 목적으로 한다.

> **Tip**
>
> **대한민국 100대 스타농장**
>
> 농촌진흥청 국립농산물 품질관리원에서는 우리나라 친환경 농업의 확산과 발전을 도모하기 위해 친환경 및 우수관리(GAP) 인증 농장을 '100대 스타농장'으로 선정하고 있다. 소비자들은 스타농장에서 농업을 체험하며 보다 올바르게 농작물에 대해 이해할 수 있다.

남들보다 한 발 먼저

김정오 명인의 행보는 남들보다 '한 발 먼저' 앞서간다. 사과박스에 인물사진을 넣어 '품질실명제'를 먼저 시작했으며, 개인농장으로는 전국에서 제일 먼저 이미지(상표) 등록을 '땅강아지사과'로 특허청에 상표등록을 했다. 또한 1996년부터 껍질째 먹는 안전한 사과라는 용

사과박스에 인물사진을 넣어 '품질실명제'를 먼저 시작했으며, 개인농장으로는 전국에서 제일 먼저 이미지(상표) 등록을 '땅강아지사과'로 특허청에 상표등록을 했다.

어를 처음 사용했다. 이뿐만 아니라 사과밭 체험농장의 시초도 바로 '땅강아지사과밭'이다. 1996년부터 도시에 있는 소비자들에게 사과나무를 한 주씩 분양해 주말에는 농장에 찾아와서 자기가 분양받은 사과나무 아래에 텐트를 치고 가족들이 체험을 하도록 했다.

김 명인은 또 하나의 '최초'를 준비하고 있다. 바로 '농업 가업 표준'을 세우는 일이다. 아들인 김은상 씨가 농고 졸업 후 농수산대학 과수학과를 전공해 김 명인을 도와 '땅강아지사과밭'에서 일을 하고 있다.

할아버지, 아버지, 손자 3대가 한 집에 살면서 한 일터에서 일하는 사과밭. 3대가 같은 명함을 사용하는 농업 명가. 할아버지와 손자의 사과 사랑 이야기. '땅강아지 사과 밭'을 주목해 본다.

성실함이 만드는
신화창조

해돋이 농원

김종오

◎ 충북 음성군 감곡면 감문4길

충북 음성군 감곡면에서 복숭아를 재배하는 해돋이 농원 김종오 대표는 직접 비료를 제작하며 작물과 소통을 하는 기본에 충실한 농업인이다. 그는 감곡면이 탑프루트 생산단지 공모사업으로 선정되면서 최고품질 탑프루트 복숭아 생산을 위해 회원들 사이에서 현장교육 및 컨설팅을 꾸준히 추진하며 교육을 강조하였다. 언론 홍보에도 앞장서 탑프루트의 우수성을 알렸다. 그는 이러한 업적으로 '2015 대한민국 최고농업기술명인' 과수분야에 선정되었다.

고품질 농산물은 기본부터 시작한다

2008년 7월, 서울 가락시장에서 경매가 있었다. "31만 원 낙찰!" 한우 이야기가 아니다. 낙찰된 복숭아 한 상자 가격이다. 당시 시세로 일반 복숭아 1상자 가격의 10배가 넘는 가격이었다. 복숭아 한 개의 가격이 한우 등심 1근과 맞먹는 수준이었다. 그 복숭아의 주인공은 햇사레 참여농업인인 음성군 감곡면에 위치한 해돋이 농원 김종오 명인이다.

보일러 설비업에 종사하다가 30년 가까이 복숭아를 재배하는 김종오 명인. 그는 "요령 피우지 않고 작물과 교감하라"고 말하며 최고품질의 복숭아 생산의 가장 큰 비법으로 '초심 유지'를 꼽는다. 특히 그는 "물관리가 복숭아 재배에 70%의 비율을 차지한다"고 할 정도로 특별한 기술이 아닌 기본에 충실함을 강조한다.

그는 3일마다 3시간씩 점적호스를 이용해 물을 흠뻑 뿌려준다. 그래야 꽃눈이 잘 여문다고 봤다. 특히 이곳 해돋이 농원은 비탈길에 위치하여 배수가 수월하게 잘되는 장점이 있다.

김종오 명인은 꼼꼼하고 근면하다. 그의 농장 앞에는 거대한 저수지에 물이 가득하다. "물을 퍼 올려 쓰기 쉽지 않다는 이유도 있지만 이렇게 빗물을 받아 쓰면 관수비용이 절감된다"고 설명했다. 또한 그는 시비할 석회질

> **대한민국 최고농업기술명인의 비법**
>
> 기본에 충실한 농사법
>
> 방송매체와 전문잡지에 탑프루트의 우수성을 홍보
>
> 본인의 이름을 걸고 판매할 만큼 자신 있는 농산물 생산

그는 "물관리가 복숭아 재배에 70%의 비율을 차지한다"고 할 정도로 특별한 기술이 아닌 기본에 충실함을 강조한다.

❀ 선정 년도 및 분야
2015년 과수부문

❀ 주요 품목
복숭아

❀ 지역파급효과
탑프루트 현장컨설팅 및 교육 추진, 균일한 품질을 위한 GAP인증 및 친환경인증 독려

❀ R&D 기술접목
직접 석회질 비료, 발효퇴비 제작

비료뿐만 아니라 퇴비도 직접 발효하여 제조하고 있다. 이렇게 해야 원자재를 절감할 수 있기도 할뿐더러 직접 제조를 해야 더욱 품질이 좋고, 그때그때 수형에 맞춰 유동적으로 시비에 변화를 줄 수 있다. 명인은 "1,000주 가량 심어져 있는 복숭아나무 하나하나 머릿속에 담아 놓고 있다"고 말한다.

최고의 탑프루트 생산단지

2012년 탑프루트 생산단지 3단계 공모사업으로 감곡 단고을단지가 선정되면서 김종오 명인은 탑프루트 생산단지 육성사업을 시작하게 되었다. 그는 이 사업을 시작하면서 단지회원들을 이끌어 탑프루트에서 요구하는 과실기준, 과원기준, 재배 매뉴얼 등을 회원들에게 알리는 역할을 담당했다.

"감곡 단고을단지의 복숭아를 탑프루트 품질기준에 맞고 균일하게 생산하기 위해 토양관리, 수형관리, 착과관리 그리고 문자서비스를 통한 병해충 공동방제를 하였습니다."

그는 현장교육과 컨설팅을 추진하며 회원들의 참석을 독려했고, 매월 단지회의를 통해 문제점을 해결해나가는 데 앞장섰다. 그는 이러한 업적으로 '2012년 탑프루트 생산단지 심사' 최우수상을 받았다.

김종오 명인은 자신의 이름을 브랜드로 내건 몇 안 되는 농업인 중 한 사람이다. 상품에 대한 자신감으로 자신의 이름을 내걸었다는 그는 '김종오'라는 브랜드로 복숭아를 이마트에 납품하고 있으며, '2012 대한민국 대표과실 선발대회'에서 최우수상을 차지하며 또 한 번 자신의 능력을 입증했다.

그는 복숭아 재배기에 봉오리 따기, 꽃 솎기, 열매솎기 등 5회 이상 실시하고 있다. 과감한 봉오리 따기를 통해

> **Tip**
>
> **탑푸르트**
>
> 농촌진흥청의 탑푸르트 프로젝트에 의해 생산된 과일을 크기, 당도, 안정성 등 최고품질 기준에 의해 선별한 과실. 지난 2006년 농작물 개방화시대에 어려움을 겪는 국내 과수 농가와 과수 산업의 경쟁력을 높이고자 추진한 프로젝트다.

상품에 대한 자신감으로
자신의 이름을 내걸었다는 그는
'2012 대한민국 대표과실 선발대회'에서
최우수상을 차지하며
또 한 번 자신의 능력을 입증했다.

긴 가지는 2~3개가량만 남겨두는데, 짧은 가지에 하나만 달린 복숭아는 맛이 없을 수가 없다고 판단했다. 그는 또한 "꼼꼼하게 열매솎기를 해두면 비품과 비율이 낮아져 선별도 쉬워진다"고 덧붙였다.

김종오 명인에게 성공한 농업인으로서 갖춰야 할 최고의 무기가 무엇인지 물었다. 돌아오는 대답은 '성실함과 꼼꼼함'. 그는 "자주 작물과 소통하면 작물이 알아서 은혜를 갚는다"고 설명했다.

"지금도 새벽 세시 반이면 어김없이 일어나 과원으로 향합니다. 영농기술은 교육과 시간을 투자하면 채울 수 있지만, 노력만큼은 결코 그냥 만들어질 수 없는 것 같습니다. 농업인이 성공하는 데 가장 필요한 덕목은 바로 부지런함입니다."

우리 농업, 우리 감을 세계에 알린다

다감농원

강창국

◉ 경남 창원시 의창구 대산면 진산대로
☏ 055-291-4829
🌐 www.idangam.co.kr

붉은 단감이 지천으로 열린 다감농원.
이곳에는 농촌체험활동을 하러 온 유치원생 아이들부터 단감을 수확하는 외국인 농장 직원들까지
각양각색의 풍경이 펼쳐져있다. 농업 인재를 육성하고 잘사는 농업농촌을 만들기 위한
현장교육의 최전선에 서 있는 다감농원 강창국 명인을 만났다.

농업의 세계화를 만들어가다

명실상부 우리나라 최고의 단감 명인 강창국 대표. 이를 증명이라도 하듯 그의 수상 경력은 화려하다. 2007년 농촌진흥청 탑푸르트 단감 부문과 전국품평회 대상, 2009년 12월 농림수산식품부 장관 표창, 2012년 12월 행정안전부 국무총리 표창과 대통령 표창, 2015년 7월 대한민국 철탑산업 훈장. 그는 농촌진흥청에서 주는 '명인'이라는 칭호와 농림축산식품부에서 주는 '신지식인', '농업 마이스터' 칭호를 모두 보유하고 있다. 거기다가 새농민상 수상까지. 명인은 자력으로 지금 이 자리에 왔다.

명인의 다양한 수식어처럼 다감농원의 모습도 다양하다. 팜스테이와 식생활 우수체험공간, 농가맛집, 대한민국 스타팜, 팜스테이 최우수마을, 우프(WWOOF)와 4-H국제교환훈련(IFYE) 호스트. 1년에 이곳을 찾는 관광객은 약 3만 명 정도다. 이들 중 3,000명은 농사를 배우러 오는 교육생들이다. 다감농원은 농림축산식품부로터 농업교육장으로 지정을 받았고, 한국농수산대학의 현장실습교육장이자 말레이시아 국립대학교 UPM의 인턴십 교육장 역할을 하고 있으며 대구일마이스터고등학교와 김해생명과학고등학교, 경남자영고등학교에서도 이곳을 교육장으로 활용한다. 그야말로 국내외 미래의 농업인을 키우고 귀농·귀촌인 전체를 아우르는 교육장인 셈이다.

대한민국 최고농업기술명인의 비법

- 고품질의 1차 생산물 재배를 위한 지속적인 연구개발
- 우수한 융복합산업모델 구축
- 다양한 협동조합 운영으로 농촌마을 활성화와 지속적인 소득 창출

> 1년에 이곳을 찾는 관광객은 약 3만 명 정도다.
> 이들 중 3,000명은 농사를 배우러 오는 교육생들이다.

- **선정 년도 및 분야**
2016년 과수부문
- **주요 품목**
단감
- **지역파급효과**
농촌교육농장 운영, 국내외 예비 농업인 대상 현장교육으로 후계자 양성
- **R&D 기술접목**
무농약·저농약농법 등 친환경 재배, 농촌융복합산업(6차 산업) 접목

다감농원은 2007년부터 농촌융복합산업(6차 산업) 형태로 농장을 꾸려왔다. 융복합산업의 첫 모델이었던 셈이다. 명인이 이런 형태로 농장을 운영하기 시작한 건 지속적인 소득에 대한 고민 때문이었다.

"농식품이 가지고 있는 특징은 아무리 농사를 잘 지어도 한번 수확을 하고 나면 1년은 기다려야 소득이 나온다는 겁니다. 1년 내내 지속적으로 소득을 나오게 하는 방법이 없을까 고민하다가 체험 쪽으로 접근하게 됐습니다."

입소문은 좋은 농산물에서 나온다

명인은 창원이 고향이긴 했지만 농사를 지을 생각은 애초에 없었다. 서울에서 학교를 졸업하고 토지감정사무소에서 일하던 그는 1991년 아버지가 타계하신 후 고향으로 내려왔다. 남아있는 어르신들을 모시기 위한 어쩔 수 없는 선택이었다.

당시에는 단감농사를 위한 체계가 잡혀있지 않았던 시기였다. 경상남도농업기술원에 단감연구소가 생긴 뒤부터 같이 연구를 하고 공부했다. 14년간 그가 연구한 것은 재배의 기본이 되는 것들이었다. 끊임없이 공부하고 재배기술을 연마한 덕인지 2004년 서울 백화점의 명품관에 판매되면서 전국으로 입소문을 타게 됐다. 이후에

Tip

우프(WWOOF)

World-Wide Opportunities on Organic Farms의 약자로 친환경 농가 등에서 하루에 반나절 일손을 도와주고 숙식을 제공받는 활동. 1971년 영국에서 시작됐다. 국내에는 제주도를 포함해 약 70곳에서 우프를 경험할 수 있다.

명인은 성과를 거둘 수 있는 비결이 좋은 농산물에 있다고 봤다. 모든 사업은 1차 생산물을 기반으로 하는 것이고, 좋은 농산물을 보고 도시민들도 찾아주는 것이라는 설명이다.

는 농촌관광을 시작한 지 3년 만에 전국에서 우수상을, 4~5년 만에 전국 대상을 받게 됐다.

명인은 이 같은 성과를 거둘 수 있는 비결이 좋은 농산물에 있다고 봤다. 모든 사업은 1차 생산물을 기반으로 하는 것이고, 명인은 1차 생산부터 명품화를 이뤘기 때문에 좋은 농산물을 보고 도시민들도 찾아주는 것이라는 설명이다. 입소문은 해외로까지 번지고 있다. 말레이시아 대학교와는 1년에 3기수씩 인턴십을 진행하고 있고 현재까지 19기까지 수료를 했는데, 2019년엔 필리핀주립대학교와도 인턴십 교육장 계약을 체결했다.

"농산업은 1차 생산이 가장 중요합니다. 생산을 고품질화하고 이걸 통해 도시민들에게 안전한 먹거리를 만들어내는 일부터 시작해야 해요. 가공도 마찬가지죠. 좋은 재료로 가공을 해야 좋은 가공품이 나오거든요. 관광도 마찬가지예요. 고품질을 생산할 수 있는 기술이 있으면 사람들이 찾아오기 마련입니다."

포도 재배기술의 끊임없는 연구로
과수농업의 혁신을 이루다

로컬랜드
이대훈

◉ 전북 김제시 백구면 수룡귀지길
☎ 063-545-5242
🌐 www.localland.kr

전북 김제는 여름에 고온다습하다. 포도를 재배하기에는 착색이 잘 되지 않는 등 불리한 여건을 갖고 있다.
그럼에도 이곳에서 품종개량을 통해 17가지 포도품종을 개발한 사람이 있다.
지속적인 연구와 기술개발로 고품질 포도를 생산하고 있는 이대훈 명인. 그는 최근 포도를 주제로 한
관광자원으로 부가가치를 창출하며 농가소득 증대에 기여한 공로를 인정받고 있다.

소비자 입맛에 맞는
재배기술 개발의 거듭된 연구

1990년대 초 우루과이라운드 타결은 국내 농산물에 끼치는 영향이 컸다. 포도도 예외가 아니었다. 당시 이대훈 명인은 포도값 하락으로 인해 큰 타격을 입어 재기의 발판을 모색할 때였다. 기존의 포도가 당도만을 중시했다면, 높은 당도와 함께 신선한 식감, 독특한 향, 씨 없이 껍질째 먹을 수 있는 편리함까지 두루 갖춘 포도라면 승산이 있겠다는 결론에 도달했다.

이 명인은 고민 끝에 1996년 소비자와 직접 만나는 직거래 농업, 체험을 통한 주말농장 운영으로 생산자와 소비자가 서로 신뢰할 수 있는 환경적인 요인을 접목시켰다. 거기에 친환경적인 재배농법을 병행함으로써 1999년에는 친환경 인증을 받게 되었다.

2012년에는 법인을 설립하여 현장실습교육을 통해 포도 재배지를 순회하며 지속가능한 농업의 방향을 모색해 왔다. 특히 맛과 향, 모양이 제각기 다른 7가지 포도를 국내 최초로 선보이며 꾸준히 소비자의 입맛에 맞게 재배기술의 혁신을 위해 연구를 거듭하였다.

그가 와이너리 사업을 시작한 것은 2013년이다. 유럽의 선진 농업기술을 공부해가며 연간 15,000병을 생산목표로 생산·가공·유통·체험을 통해 농촌융복합산업(6차 산업)으로 기반을 다져나갔다.

대한민국 최고농업기술명인의 비법

17가지 포도의 품종개량

교육프로그램을 병행한 포도재배의 관광자원화

생산·가공·유통·체험을 연계시킨 농촌융복합산업(6차 산업)의 기반 구축

> 높은 당도와 함께 신선한 식감, 독특한 향, 씨 없이 껍질째 먹을 수 있는 편리함까지 두루 갖춘 포도라면 승산이 있겠다는 결론에 도달했다.

❀ 선정 년도 및 분야
2017년 과수부문

❀ 주요 품목
포도

❀ 지역파급효과
안정적인 농가소득 창출, 재배 노하우 및 지식 보급

❀ R&D 기술접목
생산·가공·판매·체험을 융·복합한 농촌융복합산업(6차 산업)

성공하는 농민을 양성하는 것이 최종 목표

이 명인이 운영하는 포도농장 로컬랜드는 세계 여러 나라의 품종을 전시관 안에 재배함으로써 품종별로 특성을 소개하고 재배 매뉴얼까지 만들어놓고 있다. 또한, 초등학교부터 대학까지 교육·실습·체험 등 교육프로그램을 진행하고 있으며, 귀농귀촌과 포도 재배농가 교육장으로도 활용되고 있다. 말하자면, 로컬랜드는 2012년부터 2013년까지 550여 농가가 생산·가공·판매·체험을 연계시켜 일궈낸 농촌융복합산업(6차산업)화를 위한 성과라 할 수 있다.

"국내에서 재배하고 있는 캠벨 거봉으로는 상품화, 다양화, 고급화로 나아가는 데 부족했습니다. 그래서 120여 종 포도 품종을 10년 동안 수집해서 포도박물관을 만들게 되었는데, 지금은 연평균 5만 명이 찾아오는 명소가 되었습니다."

이대훈 명인은 농업계 고등학교를 졸업한 후 농업에 종사하면서 방송통신대에 진학할 정도로 배움에 대한 열정이 남달랐다. 그래서인지 그의 포도에 대한 열정은 식을 줄 몰랐다. '환경과 농업이 공존하는 농촌', '시대에 맞는 농법 개발'. 이것이 그가 지향하는 농군정신이다. 그의 목표는 교육프로그램 개발과 후진양성을 통해 생

> **Tip**
> ### 6차산업
> 농촌에 존재하는 모든 유·무형의 자원을 바탕으로 농업(1차 산업)과 식품, 특산품 제조가공(2차 산업) 및 유통·판매·문화·체험·관광 서비스(3차 산업)를 융·복합을 통해 새로운 부가가치를 창출하는 활동을 말한다.

'환경과 농업이 공존하는 농촌',
'시대에 맞는 농법 개발'.
이것이 그가 지향하는 농군정신이다.

산에서 유통까지 아우르며 농촌융복합산업(6차 산업)의 성공적인 롤 모델로 발전시키는 것이다.

"포도 재배도 시대정신이 필요한 것 같아요. 또 거기에 맞는 서비스가 접목이 되어야 하고요. 제가 그동안 쌓아온 포도에 관한 재배경험과 지식을 다양한 교육프로그램을 통해 널리 알리고 싶습니다. 그래서 성공하는 농업인을 양성하는 것이 저의 최종 목표입니다."

포도의 한류를 이끈다

봉도월포도원

박용하

📍 충남 천안시 서북구 성거읍 모전리

봉도월포도원 한편에는 40년 동안 자리를 지켜온, 우리나라에서 가장 오래된 포도나무가 있다.
박용하 명인은 그 나무처럼 천안의 포도를 지켜왔다.
숱한 위기를 기회로 만들며 농업인의 길을 묵묵히 걸어온 박용하 명인.
수확에 한창인 포도밭에서 그의 이야기를 들어봤다.

끝없는 고민이 만들어낸 성과

박용하 명인이 처음 포도 농사를 시작한 것은 어쩔 수 없는 선택이었다. 대학 토목과를 졸업하고 건설회사에 다니던 그는 부모님과 형의 교통사고 소식을 듣고 뒤도 돌아보지 않고 천안으로 왔다. 그렇게 포도 농사를 짓다가 꿈이 생겼다. 국내에서 제일 큰 포도하우스를 지어서 아버지와는 다른 농사를 짓고 싶었던 것이다. 첫 6개월 동안은 A4용지 500장에 땅 임대부터 포도 수확, 판매까지를 담은 상세한 계획서를 만들며 자신만의 농업을 설계했다. 건설회사에서 주기별 공정표를 작성하던 것이 도움이 됐다. 시설농업이 없던 시절, 명인은 남들이 포도를 팔지 않는 겨울에 시설 농사를 하면 고가로 팔 수 있겠다고 생각했다. 농가가 소득을 올릴 수 있는 하나의 방법이기도 했다.

계획은 체계적이었으나 간과한 것이 있었다. 하우스 규모가 1만 3,223㎡로 넓다보니 가운데 부분은 환기가 되지 않아 고온 장애를 입는 포도가 많았던 것이다. 이를 개선할 방법을 고심하던 그는 터널에서 답을 찾았다. 땅의 온도는 13~15℃로 일정하다. 땅 속에 관을 묻고 한쪽에서 바람을 밀어 넣고 반대쪽에서 뽑아내면 공기가 관을 지나는 동안 지온을 흡수해 여름에는 시원하고 겨울에는 따뜻한 바람이 나온다. 명인이 2011년 특허를 받은 지중냉온풍장치다.

대한민국 최고농업기술명인의 비법

농업에 대한 구체적이고 상세한 계획 수립

농장 주변 자연을 활용한 유기농 재배 철칙 고수

지중냉온풍장치로 상품성 증가, 생리장해 경감, 연료비 절감

> 하우스 규모가 1만 3,223㎡로 넓다보니 가운데 부분은 환기가 되지 않아 고온 장애를 입는 포도가 많았던 것이다. 이를 개선할 방법을 고심하던 그는 터널에서 답을 찾았다.

❀ **선정 년도 및 분야**
2018년 과수부문

❀ **주요 품목**
포도

❀ **지역파급효과**
천안지역 포도 다변화 및 재배기술 전파, 포도 수출 판로 확대

❀ **R&D 기술접목**
시설포도 지중냉온풍장치 개발

지중냉온풍장치는 식물의 성장에 도움이 되는 친환경 기술이다. 모든 식물은 뿌리에서 양분을 흡수하기 때문에 뿌리 온도가 올라가야 양분 흡수도 더 잘한다. 겨울에서 봄으로 계절이 바뀌는 시기에 지중냉온풍장치를 지나가는 따뜻한 봄 공기는 아직 차가운 겨울 땅을 데워주면서 지온을 빨리 높여준다. 또 투수성이 좋지 않은 땅에 지중냉온풍장치를 묻어주면 수직 배수가 잘 돼 땅도 좋아진다. 처음에는 포도 농사를 위해 개발했지만 지중냉온풍장치는 현재 양계장이나 오이, 토마토, 딸기 농사에도 활용되고 있다.

"1995년도에 직접 삽으로 땅을 파서 관을 처음 묻었어요. 2010년 농촌진흥청에서 진행한 농민연구개발사업에 응모를 했고, 최고점을 받아 100% 지원을 받았습니다."

지중냉온풍장치는 순환농법에도 활용된다. 관에 고이는 물을 다시 식물에게 공급하면 뿌리 온도와 비슷한 온도로 물을 주기 때문에 식물들도 스트레스를 덜 받는다. 콩나물시루처럼 양분과 유기물이 녹아있는 물을 다시 급여하기 때문에 양분 손실도 적은 순환 농법이 완성된다. 지중냉온풍장치는 에너지 절감 효과를 인정받아 에너지절감운동본부 공모전에서 최우수상을 받기도 했다.

위기를 기회로

거봉의 전국 생산량 40%는 천안에서 난다. 하지만 FTA로 인해 외국산 포도가 들어왔고 포도 농사가 힘들어졌다. 2015년 경기 침체가 정점을 달했을 때 명인은 돌파구를 찾기 위해 중국 시장으로 눈을 돌렸다. 우리나라에서 처음으로 샤인 머스켓 포도를 수출하게 된 것이다.

"'외국에서 들어오는 것만큼 우리 것도 외국으로 빼보자'라는 생각이었어요. 소량만 가져가기 때문에 빨리 예약

> **Tip**
>
> **거봉포도**
>
> 천안의 대표적인 농특산물 거봉포도는 넓은 구릉지대에서 친환경 농법으로 재배돼 포도 알이 크고 당도가 높다. 전국 총 생산량의 43%를 점유하고 있으며 전국 포도 품평회에서 3년 연속 대상을 수상하기도 했다. 시에서는 매년 9월 중순 입장거봉포도축제를 개최하고 있다.

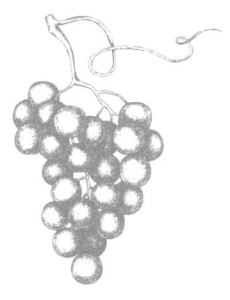

하지 않으면 구경도 못할 거라도 홍보를 했더니 정말 그랬어요. 10톤을 보냈는데 도착하기도 전에 다 팔렸죠."
첫 수출 후 중국 현지에서 '짝퉁' 거봉이 등장하기도 했지만 포도 한 송이 한 송이마다 홀로그램을 붙여서 짝퉁으로 인한 판매 부진을 극복했다. 본격적으로 수출 시장이 열리며 빛을 보는 듯했으나 뜻하지 않은 복병을 만났다. 2016년 터진 사드 사태다.
"화장품 계통도 그렇지만 농산물도 손해를 많이 봤습니다. 피해액이 적을 뿐이지 100%예요. 관심을 주지 않아 몰랐을 뿐입니다. 억울함과 회의감이 많이 들었죠."
하지만 그는 다시 한번 위기를 기회로 만들었다. 2018년부터 중국 외에 미국과 캐나다, 호주, 뉴질랜드 등으로 수출을 확대한 것이다. 한인 교포가 아니라 일본·중국 교포들을 공략한 전략도 잘 먹혔다. 국내 바이어 사이에서도 천안의 포도 수출단지가 인기다. 한 지역에서 5개 국가에 수출이 가능한 단지는 천안뿐이기 때문이다.
전국에 포도 수출 바람이 분 것이 명인 덕분이라고 해도 과언이 아니다. 명인은 누구의 도움을 받지 않고 수출 길을 터놓으며 포도 농업이 가야 할 길을 일구고 있다. aT한국농수산식품유통공사에서 50억 원이라는 실적이 없다는 이유로 선과장을 만들어주지 않자 농협에서 쓰지 않는 창고를 빌려 직접 청소하고 수리해 선과장을 만들기도 했다. 포기하고 싶을 만큼 힘든 적도 많았다. 그럴 때마다 명인은 '피할 수 없으면 즐기자'는 마음으로 나아가는 중이다.

> 전국에 포도 수출 바람이 분 것이 명인 덕분이라고 해도 과언이 아니다. 명인은 누구의 도움을 받지 않고 수출 길을 터놓으며 포도 농업이 가야 할 길을 일구고 있다.

도장지 활용법으로
복숭아 명인에 올라서다

풍원농원

이재권

◎ 경기 이천시 장호원읍 설장로
🌐 peachstory.modoo.at

햇사레 복숭아로 유명한 이천 장호원.
5천여 평 규모의 농원에서 복숭아 500주를 자신만의 도장지 전정법으로 당도 높은 복숭아를 수확하며
지역 농가의 이목을 끈 사람이 있다. 풍원농원의 이재권 명인. 그의 농원은 국내 최고의 품질 과수농장만
지정되는 탑 푸르트 시범 농가다. 그를 만나 자세한 이야기를 들어봤다.

'도장지 활용법' 기술개발로 복숭아 수확량 증대

이재권 명인은 이천에서 30년간 장호원 황도, 미백 복숭아 품종을 재배하고 있다. 그의 복숭아 재배 기술인 도장지 활용법은 어떤 재배 기술일까? 일반적으로 도장지(徒長枝)는 조생종을 수확하기 이전인 6월에 보통 제거한다. 하지만 이재권 명인의 도장지 전정법은 잘라내지 않고 이듬해까지 염두에 두고 웃자란 가지를 적절한 방향으로 유인해 이듬해 열매를 맺게 하는 방식이다. 이 방식으로 명인은 이전보다 더 굵고 많은 양의 복숭아를 수확하게 되었다고 한다.

처음에 그의 농원은 1천여 평 규모였다. 그동안 일궈 오며 5배 큰 규모로 키운 것이다. 현재 농원에서 수확되는 복숭아는 연간 25~30톤에 달한다. 자신이 개발한 도장지 활용법 덕분에 생산 증대를 이룬 것이다.

재정백도는 5년간의 특성조사를 통해 2013년 9월 16일 품종보호권등록을 완료하였다. '재정백도'라는 이름은 이천에서 출하량이 줄어드는 시기에 출하할 수 있는 신품종 복숭아로서, 과수농가들의 재정이 넉넉해지고 좀 더 나아지기를 바라는 마음에서 지었다고 한다.

대한민국 최고농업기술명인의 비법

- 도장지 활용법 기술개발
- 단단하고 당도 높은 미백도 출하
- 선별 포장이 용이한 슬라이딩 작업대 개발

> 그는 1천여 평 규모의 농원을 5배 큰 규모로 키웠다. 현재 농원에서 수확되는 복숭아는 연간 25~30톤. 자신이 개발한 도장지 활용법 덕분에 생산 증대를 이룬 것이다.

- 선정 년도 및 분야: 2019년 과수부문
- 주요 품목: 복숭아
- 지역파급효과: 농가소득 향상
- R&D 기술접목: 도장지 전정법 도입

10년의 연구 끝에 얻은 결실

"이천 지역의 복숭아 대표 품종인 미백도는 8월 중순에 수확을 마무리합니다. 8월 말 쯤에는 '천중도백도'를 수확하는데, 이 과정에서 10일 정도의 출하 공백이 생깁니다."

그의 복숭아에 대한 열의는 신품종인 '재정백도'를 탄생시켰다. 재정백도는 8월 중·하순에 수확할 수 있도록 개량된 대체품종이다. 출하 공백을 메움으로써 이천 지역의 복숭아 판매 안정에 크게 기여했다. 재정백도는 쉽게 무르지 않으면서도 당도가 뛰어난 것이 특징이다. 새로운 품종 개발을 위해 이재권 명인은 2000년 초부터 10년 동안 연구에 매진했다. 여기에 이천시 농업기술센터의 자문협력이 이루어지면서 재정백도가 탄생한 것이다.

재배기술과 신품종 연구 외에도 명인은 초생재배를 고집해 제초제를 쓰지 않고 지속적으로 농산물우수관리(GAP) 인증을 받으며 복숭아 품질을 높이기 위해 다양한 노력을 기울이고 있다.

> **Tip**
> ### GAP 인증
> GAP(Good Agricultural Practices) 인증은 농산물의 생산, 수확 후 관리 및 유통의 단계까지 토양·수질 등의 농업환경과 농약·세균·중금속 등 농산물에 잔류할 수 있는 유해물질을 중점 관리해 농산물의 안전성을 확보하고 농업환경을 보전하기 위한 제도다.

선별 포장이 용이한 슬라이딩 작업대 개발

이재권 명인은 복숭아를 선별할 때 좀 더 편리하게 선별할 수 있는 장비까지 개발했다. 이 장치를 개발하기 전에는 일반적으로 넓고 평평한 곳에 복숭아를 펼쳐 놓은 뒤 하나하나 수작업으로 복숭아를 선별했다. 그의 아내가 그런 고된 작업을 하고 있는 모습을 보며 아이디어를 떠올렸다고 한다. 아내를 위해 기획 제작된 선별작업대. 지금은 특허 출원까지 마쳐 '놀라운 발명품'이 되었다. 그는 다른 농가들도 노동력을 감소시켜 주는 슬라이딩 작업대를 사용할 수 있도록 농업기술센

<u>명인은 복숭아를 선별할 때 좀 더 편리하게 선별할 수 있는 장비까지 개발했다. 다른 농가들도 사용할 수 있도록 농업기술센터와 공조해 5년여 전부터 이 장치를 보급하고 있다.</u>

터와 공조해 5년여 전부터 이 장치를 보급하고 있다.

풍원농장은 복숭아뿐만 아니라 복숭아를 이용한 다양한 가공품도 제조·판매한다. 이 명인은 가공품의 안정적인 판로 확보를 위해 블로그를 운영하며 소비자와의 직접 소통에도 열성적이다. 이러한 노력으로 이제는 직거래 소비자뿐 아니라 온라인까지 판로를 확대하는 계기를 만들게 됐다.

"농가는 점점 고령화되어 가고 있고 세상은 빠르게 발전하고 있습니다. 다양한 연구를 통해 어르신 농업인들의 애로사항을 해소하고, 나아가 귀농을 꿈꾸는 사람들에게도 경험과 지식을 나눠주고 싶습니다."

모두가 말리던 도전
달콤한 성공의 열매를 맺다

부저농원

이평재

📍 전남 광양시 봉강면 도솔로
📞 061-762-3838
🌐 www.부저농원.kr

"살어리 살어리랏다, 청산에 살어리랏다. 머루랑 다래랑 먹고 청산에 살어리랏다로 시작하는 청산별곡 아시죠?"
부저농원의 이평재 명인은, 토종다래와 참다래의 차이에 대해 묻는 질문에 오래된 시 구절부터 읊조렸다.
그에게 토종다래 상업재배의 기반을 다지게 된 이야기를 들었다.

흔하디흔했던 그 열매, 다래

"다래는 한반도 전역에서 오랫동안 자생해 온 토종 식물입니다. 중국 동북 3성과 일본 북부에서도 볼 수 있고요. 역사서에 따르면 삼국시대 때의 기록에서부터 다래가 등장합니다. 고려 시대 때 지어진 청산별곡에서도 산에서 흔하게 먹을 수 있는 열매의 대명사로 나오고요."

이평재 명인은 "다래는 그 맛이 달아서 다래라는 이름을 갖게 됐다"는 설명도 덧붙였다. 이렇게 오랫동안 한민족과 함께해 온 다래는, 참다래와 그 본류가 같다고 한다. 하지만 지금 우리가 쉽게 만나고 있는 참다래는 뉴질랜드에서 품종을 개량해 전 세계로 퍼뜨린 것. 약 100년 전, 중국산 다래의 씨앗을 뉴질랜드 선교사가 자국으로 갖고 돌아가 지금의 형태로 만들었다. 다시 말해 국내에서 참다래로 팔리고 있는 것들은 모두 뉴질랜드 품종인 셈.

"토종다래는 그 크기가 참다래에 비해 많이 작습니다. 가장 큰 것이라 해봤자 18~20g밖에 되질 않아요. 하지만 껍질째 먹을 수 있기에 섭취가 간단합니다. 뿐만 아니라 몸에 좋은 다양한 비타민과 배변에 도움을 주는 영양소들은 참다래보다 몇 배는 더 많이 함유하고 있습니다."

부저농원이 자리 잡고 있는 광양의 백운산에는 이러한 토종다래가 13여 종 이상 자생하고 있었다. 그래서 이평

대한민국 최고농업기술명인의 비법

작물의 진면목을 알아보는 관찰력과 상업 재배를 시도하는 도전정신

다양한 연구기관과의 협업을 통한 신품종 개발

소비자의 니즈에 맞추는 농업 경영

신품종 다래를 개발하기 위해
많은 전문가들에게 자문을 받는 한편
연구를 위한 다양한 협약을 맺어
스스로 실험의 최전선 현장이 되는
수고스러움을 마다하지 않았다.

⊛ **선정 년도 및 분야**
2020년 과수부문

⊛ **주요 품목**
토종다래

⊛ **지역파급효과**
지역 농가의 토종다래 · 매실 · 돌배 수매 및 가공을 통해 30여 종의 제품 생산, 지역 농민과 귀산인을 대상으로 임업진흥원 · 산림조합중앙회 임업기능인훈련원에서 이론 및 체험 교육 실시

⊛ **R&D 기술접목**
토종다래 재배기술 · 육종방법 · 품종개량 및 보관 · 포장 연구개발, 토종다래 품질향상 및 생산성 제고를 위한 전업경영모델 개발, 리치모닝 · 리치선셋 · 리치캔들 등 신품종 개발 후 품종보호출원

재 명인 역시 어렸을 때 어머니를 따라 장 나들이를 가서 달디 단 다래를 사 먹는 게 무엇보다 즐거운 일이었다고 한다. 그래서 IMF 이후 사업 실패로 낙향을 해 재기를 모색하던 그가 새로운 돌파구로 삼은 것 역시 다래였다. 하지만 주위에서는 누구도 그의 의견에 귀를 기울이지 않았다. 한 번도 상업재배가 이루어진 적이 없었기 때문이다.

"저는 남들이 하지 않은 것이기에 가능성이 있다 판단했습니다. 하던 대로, 관행대로만 하면 결국 아무것도 아니게 될 테니까요."

그는 다래를 상업재배할 수 있는 방법을 찾기 위해 동분서주했다. 가장 먼저 찾은 곳은 전남농업기술원과 국립산림과학원이었다. 다래의 생태와 특징에 대한 과학적 분석이 최우선이라 생각했기 때문이다.

> **Tip**
>
> **다래의 약용 가치**
>
> 토종다래는 『동의보감』에서 갈증 해소, 해열, 이뇨 등에 효과가 있는 것으로 기록되어 있다. 중국과 국내 의약서에서는 '원숭이가 먹는 과일'이라는 뜻인 '미후도'라 불리며 약재로 널리 사용돼 왔다. 황달이나 구토가 나타날 때, 소화불량에도 쓴다고 기록돼 있다.

극조생, 중생, 만생으로 완성된 상업재배

이평재 명인은 극조생, 중생, 만생을 위한 신품종 다래를 개발하기 위해 많은 전문가들에게 자문을 받는 한편 연구를 위한 다양한 협약을 맺어 스스로 실험의 최전선 현장이 되는 수고스러움을 마다하지 않았다.

"상업성을 담보하기 위해서는 수확기간이 길어야 합니다. 극조생은 8월부터, 중생은 8월 말부터 10월 초까지, 만생은 10월 말까지 수확을 이어갈 수 있게 구성하면 농가는 기존 다래를 재배하는 것보다 훨씬 더 높은 수익을 기대할 수 있게 되는 셈이죠."

그래서 그가 신품종 다래에 붙인 이름은 리치모닝, 리치캔들, 리치선셋. 부자(Rich)가 되는 극조생(Morning), 향이 좋은 중생(Candle), 마지막까지 뛰어난 품질을 자랑하는 만생(Sunset)이라는 의미를 담고 있었다. 모두 국립산림품종센터에 품종보호출원을 마친 상태. 실증

명인은 맞춤형 스티로폼 포장재를 구성하는 한편, 수확철이 지난 후에도 토종다래를 원하는 소비자를 위해 냉동보관법을 개발했다.

을 위한 시험재배가 끝나면 바로 전국에 보급될 예정이라고 한다. 최소 당도가 15Brix부터 만생의 경우 25Brix에 오른다 하니 과일로서의 경쟁력은 충분하다.

"이미 백화점에 납품하는 한편 인터넷을 통한 직접 판매도 활발하게 이루어지고 있습니다. 특히 노인 변비에 특효라는 점이 입소문을 타면서 수년 동안 꾸준하게 주문하는 단골들도 적지 않아요."

이평재 명인은 소비자들이 더 온전하고 신선한 다래를 받아볼 수 있도록 포장재도 맞춤형 스티로폼으로 구성하는 한편, 수확철이 지난 후에도 토종다래를 원하는 소비자를 위해 냉동보관법을 개발했다. 토종다래의 상품성을 높여 더 높은 수익을 보장하는 작물로 만들겠다는 열정과 노력으로 이루어낸 성과였다. 그리고 그런 '한결같음'이 그를 2020년 농업기술명인의 반열에 올려놓았다.

이평재 명인은 광양 일대에서 생산되는 다래를 수매해 식초와 발효액 등으로 가공판매하고 있다. 국내 최초 토종다래영농조합을 설립해 이끌어 온 회장으로서의 역량을 십분 발휘하고 있는 것. 그래도 여전히 할 일이 많이 남았다고 한다.

"요즘은 평균 수명이 길어지는 반면 은퇴는 빨라지고 있습니다. 새로운 인생에 대해 더 일찍부터 고민해야 하는 시점이 모두에게 찾아오고 있는 셈이지요. 저는 그런 분들에게 가장 효율적인 대안을 제시하고 싶습니다. 토종다래는 병충해에 강하고 인공수정이 필요 없으며 나물이나 수액 등으로의 활용범위도 상당히 넓습니다. 다래나무는 덩굴식물이라 덕 위에서 크기 때문에 그늘이 져 풀베기도 수월하고, 다래 밭 곳곳에 삼 씨, 취나물 씨를 뿌려 복합경영도 가능합니다. 고령자에게 토종다래보다 더 좋은 선택은 없을 겁니다."

농업의 미래를 만나다
대한민국 최고농업기술 명인
56人

화훼 · 특작

146
국내 유일 제주산
백도라지 명맥을 잇다
목성콜농장 이기승 명인

150
지역의 신소득을 창출하고
화훼산업을 발전시키다
은성농장 채원병 명인

154
철저한 시장분석과 세심한 관리로
고품질 버섯을 재배하다
산들원 임두재 명인

158
국내 당귀산업의 혁명, 영흥당귀
영흥상회 함승주 명인

162
옛 버섯 그대로
자연에 가장 가까운 버섯을 키운다
자연아래버섯 이남주 명인

166
조직배양으로
호접란 시장을 개척하다
상미원 박노은 명인

170
국산 장미 품종 재배로
생산비 절감 및 수출 겨냥
도원장미원 김원윤 명인

174
한국 엉겅퀴 산업의 지평을 열다
임실생약영농조합법인 심재석 명인

178
한국 차의 세계 진출을 이끈다
보향다원 최영기 명인

182
판로 걱정 없는 국산 명품 한약재
동부생약영농조합법인 홍재희 명인

186
혁신형 쿨링하우스 개발로
화훼농가 소득 증대에 청신호를 알리다
무등농원 김종화 명인

190
산채 대량생산과 산야초 가공법
개발로 산나물 달인이 되다
뫼들산채농원 최상근 명인

국내 유일 제주산
백도라지 명맥을 잇다

목성콜농장

이기승

📍 제주 제주시 조천읍 우진오름길
📞 064-783-8987
🌐 www.baekdoraji.com

하얀 꽃이 핀 도라지를 백도라지라고 한다.
목성콜농장 이기승 명인은 제주해발 360고지 원내에서 1995년부터 일반도라지(청)와
백도라지를 구별·연구해 넓은 면적에 백도라지를 재배하는 데 성공했다.
백도라지 재배에 평생을 바친 이기승 명인을 만났다.

토종 제주도라지 '백도라지'

도라지 재배 경력 30여 년인 명인은 제주 노루가 번성하면서 야생 백도라지를 뜯어먹어 멸종위기에 처했었던 과거를 회상했다. 멸종위기에 처한 백도라지의 명맥을 유지하기 위해 명인은 제주산 백도라지 종자를 채취해 현재까지 재배하고 있다. 목성콜농장에서 재배되는 백도라지는 제주산 토종도라지라 불러도 맞다. "도라지는 청도라지와 함께 재배해도 교잡이 안 된다"고 설명한 그는 중국에 백도라지 자체가 없어 국제적으로도 경쟁력이 높으나 백도라지의 까다로운 재배특성 때문에 농업인들이 재배를 꺼린다고 말한다. 백도라지는 일반도라지(청)에 비해 발아가 늦고 평당 청도라지는 5~6kg 수확이 가능하나 백도라지는 3kg 정도밖에 수확이 안 되기 때문이다.

도라지는 『동의보감』, 『향약집성방』, 『본초서』 등에 약용으로 기록돼 있다. 한방에서 기침, 감기, 냉병, 복통, 산후병, 편도선염, 기관지염, 이질, 위산과다 등에 처방하고 있다. 인삼의 대표적인 성분인 사포닌이 도라지에도 있다. 인삼의 사포닌을 100%로 봤을 때 백도라지는 90%, 일반도라지는 20% 정도다. 반찬에 그쳤던 도라지와는 차원이 다르게 백도라지는 그 효능을 인정받고 있다.

대한민국 최고농업기술명인의 비법

- 제주산 백도라지 재배기술 보유 및 제품화 성공
- 백도라지연구소 설립으로 지속적인 연구개발
- 성분변화 없는 분말가공제품 개발 및 특허

> 멸종위기에 처한 백도라지의 명맥을 유지하기 위해 명인은 제주산 백도라지 종자를 채취해 현재까지 재배하고 있다.

❀ **선정 년도 및 분야**
2009년 화훼 · 특작부문

❀ **주요 품목**
백도라지

❀ **지역파급효과**
제주지역 50여 도라지재배농가 정보공유, 백도라지 수출시장 확보

❀ **R&D 기술접목**
제주특별자치도농업기술원 백도라지 줄파 및 점파(點播) 재배 실천

3~4년에 1회 수확, 2년간의 토양 휴식

백도라지는 총 99,173㎡(3만 평) 재배에서 매년 33,057㎡(1만 평)만 수확한다. 재배 3~4년 차에 수확해야 기능성이 높고 상품가치가 높기 때문에 재배면적을 구별해서 식재하기 때문이다. 수확한 토지는 약 2년간 휴식기간을 거쳐야 하기 때문에 한 토지에서 10년간 약 2~3회 정도밖에 수확하지 않는다. 약용제주백도라지는 청도라지보다 껍질이 단단하고 잔가지가 많은 것이 특징이다. 퇴비를 사용하지 않고 유기질비료를 쓰면서 관리한다. 퇴비를 많이 뿌리면 빨리 굵게 크지만 그만큼 도라지 효력이 떨어진다.

잡초관리는 1년 차 잡초가 먼저 올라오기 때문에 초봄에 깎아내 친환경적으로 관리하며, 김을 메주고 2년 차부터 수확시기까지는 풀과 함께 키운다. 꽃이 피고 나면 종자수확 후 전체를 잘라준다. 토양관리나 풀 관리를 해주지 않으면 병 발생률이 높고 수확량도 적게 나온다. 백도라지 제품은 기존에 자주 사용하던 음용 방법인 달여서 먹던 것에서 분말이나 분말꿀차로 다양하다. 명인이 운영하는 한기림JK백도라지연구소에서 개발된 '제주약백도라지 목성콜', '분말꿀차'는 특허 및 상표 등록으로 고객신뢰도를 높였으며 국내뿐만 아니라 중국 북경 등으로 수출되고 있다. 일본 오사카와 미국 뉴

> **Tip**
>
> **사포닌**
>
> 인삼의 웰빙 성분으로도 알려져 있는 사포닌은 도라지에서 아리고 쓴맛을 낸다. 각종 질병에 대한 면역력을 높여주며 침 분비를 촉진해 입 냄새를 없애고 구강 건강을 지켜준다. 염증과 궤양을 억제하고 항암·진통·혈당 강하·혈관 확장 효과도 지니고 있다.

목성콜농장은 30ha 규모의 백도라지 채종사업을 통한 재배단지 육성에 총력을 다 하고 있으며 백도라지 특화단지 조성으로 농가 소득증대에 앞장서고 있다.

욕으로 현재까지 41.5톤, 3억여 원을 수출해 내무부장관 표창을 받기도 했다. 그는 "한기림JK백도라지연구소는 웰빙산채류(산나물) 전문 생산업체로서 소비자 건강에 주목표를 두고 다양한 제품생산 개발에 힘쓰고 있다"고 밝혔다. 23개의 표창 및 수상, 교육경력이 그를 신뢰하고 있다.

목성콜농장은 30ha 규모의 백도라지 채종사업을 통한 재배단지 육성에 총력을 다 하고 있으며 백도라지 특화단지 조성으로 농가 소득증대에 앞장서고 있다. 또한 백도라지 꽃을 제주 경관작물로 활용하기 위해 추진 중이다. 한라산 백도라지 품종보존 및 출원 등록도 준비하고 있다. 한기림JK백도라지연구소는 한국식품연구원에서 '백도라지의 면역·당뇨조절 기능성연구' 인체적용전시험을 수행 완료해 국제 SCI 학술지에 투고하기도 했다.

지역의 신소득을 창출하고 화훼산업을 발전시키다

은성농장

채원병

◎ 경기 파주시 적성면 마지리
◎ 031-959-7857

선진국 농업시찰을 통해 시클라멘과 사랑에 빠진 남자. 그는 화훼산업의 위기 속에서
혼자 잘사는 것이 아닌 더불어 살아가는 길을 택하며, 그동안 연구한 결과물과 노하우를 전국으로 알린다.
이에 경기도 파주시에 위치한 은성농장의 채원병 대표는
'2010 대한민국 최고농업농업기술명인' 화훼·특작부문에 선정되었고, 화훼산업 발전에 한 획을 긋는다.

대한민국 최고농업기술명인의 비법

시클라멘 연구회를 조성하고, 시클라멘 재배법 확립

작목반 조직 및 이웃농가 독려로 지역 화훼산업 발달

소비자들 편의를 위한 화분개발

그는 2000년 '경기도시클라멘연구회'가 발족됨과 동시에 초대, 2대 회장을 역임하면서 23인의 농가와 함께 시클라멘 발전에 초석을 깔았다.

아낌없이 노하우를 보급하다

"왜 이렇게 힘들게 연구한 결과물을 널리 보급하게 되었나요?"

"국내 화훼산업이 성장하기 위해서는 화훼농가들이 공동운명체로서 다 같이 발전해야 한다는 신념이 있었던 것 같습니다."

서울에서 고등학교를 졸업한 뒤 농업에 뜻을 품고 고향 파주로 돌아온 한 청년, 그는 20년간 벼, 축산, 시설채소 등 다양한 농업에 임하며 새로운 소득 작목을 찾고 있었다. 그러던 중 접하게 된 것이 화훼였다.

이후 새로운 도전이 시작되었다. 정부에서 추진한 선진농업 시찰연구프로그램에 지원하면서 그의 화훼 이야기는 터닝포인트를 맞이하게 된다. 채 명인은 일본의 화훼단지를 찾아가게 되었고, 우리나라와 비슷한 환경에서 자라는 '시클라멘'의 상품성에 주목하였다. 그리고 그는 2000년 '경기도시클라멘연구회'가 발족됨과 동시에 초대, 2대 회장을 역임하면서 23인의 농가와 함께 시클라멘 발전에 초석을 깔았다. 이 연구회는 시클라멘 재배 및 육종기술에 대해 책자를 만들어 전국 시클라멘 재배농가에 보급하여 화훼농가가 다 함께 발전해야 한다는 그의 신념을 실천했다.

❀ 선정 년도 및 분야
2010년 화훼 · 특작부문

❀ 주요 품목
시클라멘

❀ 지역파급효과
시클라멘 재배 및 육종기술 책자 보급, 2000년부터 중국 연변 여명농과대학, 북경 베이징대학 학생 등 매년 2~5명씩 농장연수

❀ R&D 기술접목
C형강 관수방법을 도입하여 물 절약 효과 및 화훼품질 향상

파주 화훼산업의 초석을 다지다

채 명인은 선구자의 길을 걷는 것을 마라톤에 비유한다. '서두르지 말고 천천히 균일하게'를 강조한 그는 앞을 보고 주변 사람들을 함께 이끌어왔다. 지금의 명인이 되기까지 시클라멘 연구 및 기술보급에 힘썼지만 지역사회 발전에도 크게 이바지했기 때문이다.

화훼산업과 거리가 멀었던 파주시, 그는 1990년 처음으로 '탄현화훼작목반'을 조직하고 화훼단지를 조성하는 등 파주시에 변화를 가져왔다. 또한 적성면 농촌지도자로 활동을 하면서 파주지역 인삼 축제, 장단콩 축제, 심학산 돌곶이꽃 축제 등 각종 축제에 적성면 농업인들의 참여를 이끌었다. 이런 적극적인 모범적 활동으로 1993년 '신경기인상 정립유공(경기도지사 표창)', 1999년 '신지식인 선정(파주시장 표창)', '농정발전 유공(농림부장관 표창)' 등을 수상하였고, '2010 대한민국 최고농업기술명인' 화훼·특작부문에 선정되었다.

현재 은성농장은 13,000㎡ 규모의 벤로형 유리온실과 노지에서 시클라멘뿐만 아니라 캄파눌라, 운간초, 보르니아, 프리뮬러, 헤베 등 기후에 맞춰 1년 내내 다양한 화훼류를 키워낸다. 채 명인은 식물과의 잦은 대화를 강조한다. 그는 "이론으로 표현할 수 없는 식물과의 소통이 오랜 경험을 토대로 가능하게 된다"고 말한다. 그렇게 탄생한 이곳의 화훼는 최고의 상품으로 화훼공판장이나 한국화훼농업협동조합으로 판매가 이루어지고 있다. 채 명인은 직접 화분을 고안하여 재배 초보자도 쉽게 식물을 키울 수 있도록 했다.

> **Tip**
>
> **명인의 시클라멘 재배법**
>
> 낮에는 12~15℃, 밤에는 20℃로 온도 조절을 하고 과산화수소 희석액으로 뿌리를 소독한다. 매일 생산량과 생육 환경 등 데이터를 기록하고 분석하고 농촌진흥청과 기술센터 등에서 발표하는 최신 연구 성과 자료를 확인한다.

화훼산업과 거리가 멀었던 파주시,
그는 1990년 처음으로 '탄현화훼작목반'을
조직하고 화훼단지를 조성하는 등
파주시에 변화를 가져왔다.

채 명인이 일군 농장, 그의 딸은 아버지의 업을 물려받고자 한국농수산대학 화훼과를 졸업해 화훼 기술을 익혔다. 다양한 실험을 진행하고, 신기술에도 관심을 보이는 딸과 함께하는 채 명인은 지금이 제일 행복한 전성기라고 말한다.
"끊임없는 기술개발로 '화훼 예술가'로 불리도록 노력하고, 기술보급으로 화훼농업인들이 다 같이 발전하는 데 도움을 주어 우리나라 화훼산업이 한 단계 성장하는 데 보탬이 되겠습니다."

철저한 시장분석과 세심한 관리로 고품질 버섯을 재배하다

산들원

임두재

◎ 충북 옥천군 동이면 세신5길
◎ 043-731-3079

30여 년 동안 다양한 버섯 품종을 재배하면서 항상 최고 품질의 버섯을 생산하기 위해
연구하고 배움에 열정을 쏟고 있는 산들원 임두재 대표. 그의 삶에는 버섯 특유의 향과 맛이 가득 담겨져 있다.
그가 말하는 버섯 농사에 대해 들어보자.

버섯 재배의 3박자

"새송이버섯은 다른 대부분의 버섯과 비교해 비타민C가 느타리버섯의 7배, 팽이버섯의 10배나 많이 함유되어 있습니다. 특히 필수아미노산 10종 가운데 9종을 함유하고 있고, 칼슘과 철 등 신진대사를 원활하게 도와주는 무기질의 함량도 매우 높습니다."

충남 대전에 위치한 산들원 임두재 명인은 26세부터 버섯농사를 시작해 영지버섯, 느타리, 양송이, 신령버섯(아가리쿠스) 등 다양한 버섯을 재배하다가 2003년부터 새송이버섯을 병재배하고 있는 신지식농업인이자 2011년 선정된 대한민국 최고농업기술 버섯명인이다.

현재 산들원은 하우스 29동에서 새송이버섯 하루 1톤, 느타리버섯 1주일에 700kg을 친환경(무농약인증)으로 생산해 생협과 농협, 안성물류센터에 납품하고 있다. 이중 생협이 주납품처인데 2003년부터 거래를 시작한 이래 한 번도 결품을 내본 적이 없을 정도로 최고의 품질과 철저한 관리를 인정받고 있다.

특히 임 명인은 고품질 새송이버섯을 생산하기 위해서 가장 중요한 게 온도·습도·환기의 조화라고 강조한다. 그래서 아침·저녁·한밤중에도 온도와 이산화탄소 농도를 매일 점검하고 있다.

대한민국 최고농업기술명인의 비법

유황버섯 재배기술개발

레미콘 차량의 탑재(통돌이)를 이용한 배지 혼합기술 실용화

온도·습도·환기 등 생육환경에 대한 세심한 관리

명인은 고품질 새송이버섯을 생산하기 위해서 가장 중요한 게 온도·습도·환기의 조화라고 강조한다. 그래서 아침·저녁·한밤중에도 온도와 이산화탄소 농도를 매일 점검하고 있다.

❈ **선정 년도 및 분야**
2011년 화훼·특작부문

❈ **주요 품목**
버섯

❈ **지역파급효과**
국내 버섯농가 견학지로 개방, 농산물 수확체험 및 견학으로 버섯농업 홍보

❈ **R&D 기술접목**
배지 조성과정에서 유황성분이 함유되는 버섯 생산 기술 개발

또한 배양할 때는 19~20℃에서 35~40일, 생육은 13~17.5℃에서 18~20일을 키워 수확한다. 아울러 버섯 재배의 핵심인 종균 배양모를 직접 제조하는데, 배지는 톱밥과 사료, 옥수수 속대를 혼합해 살균 컨트롤러에 넣어 121℃에서 4시간 동안 살균해 마련하고 있다.

시대의 흐름을 파악하라

임 명인은 "농업은 대내외적으로 환경변화가 심하기 때문에 철저한 시장분석을 통해 정확히 예측하고 대응해야 고수익을 올릴 수 있다"며 "버섯 품종을 여러 차례 변경한 것도 중국산 영지버섯 수입 증가나 세균성 갈반병 발생 등 외부 요인도 있지만 소비자들의 기호변화를 간파했기 때문이다"고 덧붙였다.

물론 임 명인도 전국 최고의 버섯전문가가 되기 전까지 몇 차례의 실패를 겪었다. 지난 1986년 영지버섯이 최고의 주가를 올려 주위의 도움으로 생산에 참여했지만 저가의 중국산이 밀려오면서 가격이 폭락했고, 수천만 원의 빚만 지게 된 것이다. 이어 재배한 느타리버섯도 현대화시설을 도입하여 좋은 성과를 거두고 있을 즈음 세균성 갈반병이라는 위기를 맞았다. 지난 2015년에는 많은 자본을 투입해 농장을 이전했지만 실패를 거듭했다. 하지만 명인은 포기하지 않았다. 한국농수산대학을 졸업하고 명인의 곁에서 대를 잇는 아들 임준혁 씨와 철저하게 업무를 분담해 문제를 해결해 나갔다. 명인은 생육을, 준혁 씨는 배지생산에 주력해 문제가 되는 원인을 파악하고 수정했다.

"기성품 배지를 사용할 때 가스가 많이 배출돼 살균 미스, 생육 미스 등의 실패가 있었습니다. 배지 제조 시부터 가스 발생 원인을 제거해 살균부터 생육 전반에 원가와 에너지 소비절감 효과를 25% 정도 봤습니다."

> **Tip**
> ### 세균성 갈반병
> 세균성 갈색무늬병이라고도 한다. 병징은 발병시기, 품종 등에 따라 약간의 차이를 보이나 대체적으로 감염되는 경우 버섯의 생장이 중지되고 버섯의 일부가 갈색으로 변한다. 표면에 점액이 생기기도 하며 발병 후기에는 부패해 심한 생선 비린내가 나기도 한다.

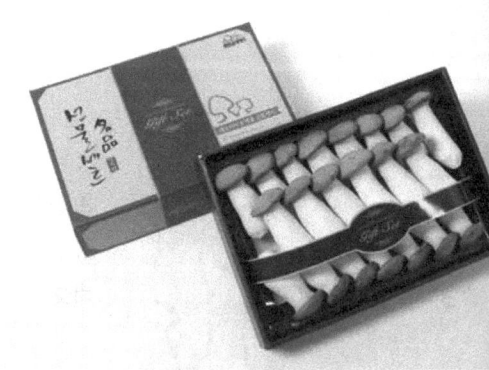

> 농업은 대내외적으로 환경변화가 심하기 때문에 철저한 시장분석을 통해 정확히 예측하고 대응해야 고수익을 올릴 수 있습니다.

명인이 담당한 생육 파트에서는 자동화 기계에 길들여진 고정관념을 깨는 데 4년여의 시간이 필요했다. 무엇을 사용해 어떤 버섯을 재배하던 간에 명인은 자만을 버리고 버섯과 대화하는 것이 가장 중요한 것이라고 봤다. 24절기에 따라 변화하는 외부환경과 실내 환경이 조화를 이루도록 버섯 생육을 한 결과 기존 20톤에 못 미치던 생산량이 26톤에 육박했고 2021년에는 1일 2만 병 생산으로 50톤을 목표로 하게 됐다.

"기존의 노하우와 새로운 시설 도입 등으로 계속해서 소비자들의 식탁에 건강하고 맛있는 버섯을 제공하는 데 최선을 다할 것입니다."

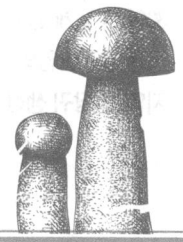

국내 당귀산업의 혁명,
영흥당귀

영흥상회

함승주

◎ 강원 평창군 진부면 하진부리
◎ 033-335-7887

30여 년 넘게 당귀만을 재배해온 당귀 박사 함승주 명인은 영흥당귀라는 품종 육성과 보급으로 국내 당귀산업의 혁명을 불어넣은 장본인이다. 우수한 참당귀 품종을 개발한 육종가이자, 지역 내 당귀 생산·유통 업체 진부지에이피당귀APC 대표자인 함승주 명인을 만났다.

위기의 당귀, 재배법을 확립하다

강원도 평창 진부면에서 30년 넘게 당귀를 재배해 온 함승주 명인은 2012년 '대한국민 최고농업기술명인' 특작부문에 선정된 이유에 대해 일언지하 '당귀'라고 강조한다.

"한약재와 인연을 맺게 된 것은 1981년 부친이 운영하던 영흥상회(약재 가게)에서 농사와 약재 수집 및 유통을 배우기 시작하면서 부터였습니다. 이후 1994년부터 독자적으로 약재 가게를 경영하면서 전국 약재상들에게 평창 당귀의 대량 구매창구로 통하면서 당귀 재배기술과 유통에 많은 관심을 갖게 되었습니다."

그러던 1990년대 중반부터 알 수 없는 원인으로 당귀 밭에서 추대가 절반 이상이 올라와 당귀 재배농업인들이 당귀 밭을 갈아엎고, 당귀 농사를 포기하는 등 큰 피해가 있었다. 당귀 가격이 1근(600g)에 16,000원까지 폭등하기도 했다. 이에 명인은 당귀 추대 해소방안을 모색하기 위한 연구를 시작했다.

"기존의 당귀 채종 육묘방법은 야생종 당귀 씨앗을 채취하여 1년 육묘하고 2년에 정식·수확하며 2년생 당귀에서 채종하여 육묘하는 것이었습니다. 그런데 야생종 1대종은 병충해에 약하고 수확량이 적을 뿐만 아니라 3대종부터는 추대율이 높아 경제성이 없어 다시 야생종 씨앗에 의존하게 되었습니다."

대한민국 최고농업기술명인의 비법

- '영흥당귀' 품종등록으로 수확량 및 농가소득 증대
- 당귀 GAP재배로 품질향상 및 국제경쟁력 제고
- 진부GAP당귀작목반 구성으로 안정적인 유통망 확보

야생종 씨앗을 해발 1,100km 이상 되는 지점에서 채취해 1년 동안 육묘하고, 정식포장에서 3~4km 정도 떨어진 곳에 격리하여 50×90cm 간격으로 채종포를 조성하였다.

※ 선정 년도 및 분야
2012년 화훼·특작부문

※ 주요 품목
참당귀

※ 지역파급효과
개발방법으로 재배 시 증수효과 및 소득향상에 기여, 계약재배 시 동일면적 기준 연간 5배 이상의 매출 증대

※ R&D 기술접목
당귀 추대억제 및 우량 당귀 씨앗 채종 육묘기술 개발로 대량생산이 가능한 신품종 '영흥당귀' 개발

함 명인은 재배환경적 요인이 아닌 유전적 요인의 비중이 훨씬 크다는 점을 확인하여 우성인자와 열성인자를 분리해내는 방법을 연구했다. 그러던 중 야생종 우량 유전인자에 곤충이 열성인자를 교잡시켜 우량인자를 퇴화시키는 것을 확인했다. 이러한 문제점을 확인하기 위해, 그는 야생종 씨앗을 해발 1,100km 이상 되는 지점에서 채취해 1년 동안 육묘하고, 정식포장에서 3~4km 정도 떨어진 곳에 격리하여 50×90㎝ 간격으로 채종포를 조성하였다. 이어서 3년차에 채종하여 우량종자를 확보하였고 4년차에 육묘, 5년차에 정식·수확하는 시스템으로 기존 재배법의 문제점을 해결했다.

Tip
참당귀와 일당귀

우리나라에서 자생하는 참당귀에는 지표 성분으로 데쿠르신과 데쿠르시놀 안젤레이트가 함유돼 있으며 피의 생성과 순환에 관계되는 보혈(피 보충), 활혈(피 소통), 거어(피멍 제거), 함암 작용 등에 효과가 좋다. 일본에서 건너온 일당귀는 지표성분이 잡혀있지 않지만 조혈(피 생성), 진 등에 효과가 있는 것으로 알려져 있다.

'영흥당귀' 품종 개발

특히 그는 당귀 추대억제 및 우량 당귀 씨앗 채종 육묘기술 개발로 대량생산이 가능한 신품종 '영흥당귀'를 개발했다. 영흥당귀라는 신품종 개발로 농가 경쟁력 강화를 통해 당귀 수입을 억제할 수 있었고 멸종 위기의 야생 당귀 보호에 기여했다. 또한 생산량 증대로 농가소득 향에 일조하였고 기술의 실용화 및 활용이 노지생산에 적합하게 연구되어 일반 농가에 기술 보급도 가능했다.

"4~5년 지나도 추대가 생기지 않는 산에서 난 종자와 2년만에 추대가 올라오는 밭에서 채취한 종자를 교배해 F1 계통을 만들었습니다. 이후에 3% 미만만 추대되는 우량계통을 선발해 다시 추대되는 정도를 재배시험하고, 3년 뒤 나온 계통에서 세력과 내병성이 다 좋은 것을 확인했습니다."

영흥당귀는 추대율 5% 미만에 병충해에도 강한 품종으로, 추대율이 30%만 넘지 않아도 좋겠다던 그 당시 농가들에게 희망의 소식을 전한 것이다. 명인은 이를 바

<u>영흥당귀는 추대율 5% 미만에 병충해에도 강한 품종으로, 추대율이 30%만 넘지 않아도 좋겠다던 그 당시 농가들에게 희망의 소식을 전한 것이다.</u>

탕으로 2003년부터 GAP제도를 도입했고 한방 의료기관, 식품회사 등과 계약재배 영농조합 및 작목반 활동을 통해 전국 당귀 생산농가 소득증대는 물론 멸종 위기의 자원식물 보호에 기여했다. 이러한 공을 인정받아 2007년 대한민국농업과학기술상 국무총리상 수상, 2008년 신지식농업인 선정, 2012년에는 대한민국 최고 농업기술명인에 선정되는 쾌거도 이루었다.

명인은 영흥당귀를 육종한 기술을 다른 한약재에도 적용하여 우량품종을 육성하고 있다. 영흥당귀로 국산 당귀산업의 지평을 새롭게 연 함승주 명인을 통해 또 다른 한약재의 국산화 열풍이 일어나길 기대해본다.

"당귀처럼 추대가 올라오면 뿌리가 목질화되는 약초들이 있습니다. 이 작물들도 뿌리를 한약재로 사용하니깐 영흥당귀를 육종한 방법을 응용하면 뿌리 품질이 뛰어난 상품의 대량생산이 가능해지고 수출길도 열릴 것입니다."

옛 버섯 그대로
자연에 가장 가까운 버섯을 키운다

자연아래버섯

이남주

● 경기 여주시 강천면 강문로
● 031-886-5083
● www.mushtour.com

자연아래버섯은 40여 년간 차별화된 재배 노하우로 우리 몸이 원하는 '옛 버섯 그대로 자연에서 가장 가까운 건강버섯'을 생산하고 있다. 현대화된 버섯 교육장을 갖추고 버섯이론과 실기를 병행해 버섯전문가 양성교육을 하고 있다. 또한 자연을 보존하고 그 공간에서 버섯을 테마로 한 교육체험농장을 운영해 농촌의 문화와 도시가 하나 되는 만남의 장을 열어가고 있다.

기술개발과 브랜드화로 소득 극대화

'이남주 자연아래버섯'은 규모·대지 3만 3,057㎡(10,000평)에 버섯 관련 시설이 4,112㎡(1,244평), 자연재배 규모가 6,611㎡(2,000평) 정도다. 이곳에서 이남주 명인은 식품환경, 자연환경, 사회 환경의 조화를 통해 건강하고 행복한 삶을 목표로 하고 있다. 버섯에는 성인병에 이로운 성분이 많이 들어있다. 최근 웰빙 열풍이 불면서 몸에 좋은 것을 찾아 먹으려는 소비자들의 식생활 습관에 변화가 생겼고, 이러한 변화로 인해 버섯은 기호식품이 아닌 미래식량이라는 큰 이슈로 떠오르고 있다.

이남주 명인은 여주의 특작분야 산업을 이름 있는 농산물로 만들기 위해 브랜드화 사업을 추진했고 교육·체험농장과 안정적인 생산기반조성, 특허 및 상표등록, 브랜드 정착 등 버섯 17억 원의 소득창출과 여주버섯생산 매출액 200억 원 확보에 공헌했다. 지난 1979년 버섯재배를 시작 개방화 등 어려운 여건 속에서도 1988년 톱밥주입장치(특허등록)를 개발해 종래에 비해 버섯재배용 용기의 생산성을 약 5~6배 정도 높일 수 있었고 '이남주 자연아래버섯' 브랜드를 디자인하고 상표 등록했다.

그의 버섯은 기술개발과 브랜드 개발을 통해 연간 75만 봉지(1,500톤)를 생산하여 국내에 판매하고 캐나다와 일본에도 수출하고 있으며, 친환경농산물(무농약농산물 제10-23-3-54호), G마크인증(07-104-027)을 받아 생

대한민국 최고농업기술명인의 비법

기존 균상재배에서 봉지재배로 전환 국내 1세대

가정에서 키울 수 있는 버섯 재배(관상)법 확립

체험농장 운영 및 인근 관광지와 연계로 농촌 융복합산업(6차 산업)으로 가치 창출

지난 1979년 버섯재배를 시작 개방화 등 어려운 여건 속에서도 1988년 톱밥주입장치(특허등록)를 개발해 종래에 비해 버섯재배용 용기의 생산성을 약 5~6배 정도 높였다.

- **선정 년도 및 분야**
  2013년 화훼·특작부문
- **주요 품목**
  버섯(느타리·표고·노루궁뎅이·복령·천마·목이·영지·상황 등)
- **지역파급효과**
  균상재배버섯과 유사한 고품질 버섯생산으로 지역농촌 소득증대에 기여, '버섯사랑회' 운영으로 버섯 대중 홍보
- **R&D 기술접목**
  느타리봉지 재배법, 버섯 입봉장치 개발

산된다. 연간 느타리버섯은 100톤, 표고버섯 30톤, 노루궁뎅이 50톤, 영지 500kg 정도를 생산해 판매하고 있다.

농촌융복합산업(6차 산업)의 가치를 창출한다

이남주 명인은 안정적인 버섯생산시설을 기반으로 2005년부터 버섯전문교육체험농장을 운영하고 있다. 직접 체험을 통해 버섯을 웰빙 식품으로서 이해하고 소비확대, 그리고 도시와 농촌이 하나 되기 위한 도농교류활성화를 통하여 농촌의 문화와 정서를 공유해 마음의 안정과 올바른 인성확립을 유도하고 있다. 교육의 목적은 △버섯이론과 실기를 병행하는 체계화된 교육 △전업농업, 관상농업, 도시농업 등 수료 후 버섯생산이 가능한 교육 △정부의 정책사업으로 운영되는 현장실습 교육장이다.

그의 농장은 경기도지사 인증 농업전문경영인 체험농장으로 선정된 2007년부터, 버섯체험 프로그램을 도입해 인근의 관광지와 연계한 농촌체험의 모든 것을 보여주고 있다. 체험 프로그램을 통해 농장을 방문한 체험객은 매년 수천여 명에 달한다. 초기에는 학생들이 많았지만 지금은 생협조합원, 농협조합원과 연대를 통해 실제 소비자들이 찾는 농장이 됐다. 농촌문화체험과 신륵사와 영릉 등 인근 관광지와 연계돼 있으며, 숙소까지 마련돼 있어 숙박 체험도 가능하고 버섯 요리도 맛볼 수 있는 농촌융복합산업(6차 산업)으로 가치를 창출하는 농장이 됐다.

또 버섯사랑회 모임을 통해 멘토의 역할을 하며 이웃 농가들과 지속적으로 관계를 유지하고 버섯재배기술, 정보, 판매, 버섯의 활용, 미래가치 기술개발 등을 공유하고 있다. 관상과 공예 버섯을 가지고 새로운 시장을 개척, 꽃 재배단지처럼 관상버섯 메카를 만들어 사람마다

> **Tip**
>
> **버섯의 관상적 가치**
>
> 우리 조상들은 옛날 임금의 용포 및 용상 등에 영지 문양을 넣어 악귀를 쫓고 영생을 기원했으며, 조선시대 사대부집안에서는 영지를 대청마루에 걸어 악귀를 예방하고 복을 빌었다고 한다. 이처럼 버섯은 예부터 관상적 가치가 있었다.

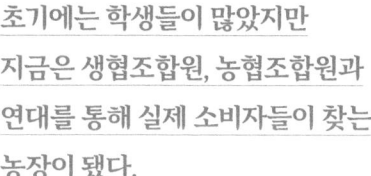

초기에는 학생들이 많았지만 지금은 생협조합원, 농협조합원과 연대를 통해 실제 소비자들이 찾는 농장이 됐다.

꽃을 보고 가꾸듯 버섯을 보고 행복을 느끼는 그런 세상을 명인은 꿈꾼다.

"40여 년간 버섯재배를 하면서 쌓은 노하우를 농업인들의 블루오션 작물로 가르치고 있습니다. 이제 버섯은 1차 재배에서 진화해 도시농업과 관상용으로 소비자들의 삶에 들어가고 있어요."

그는 지금까지의 농업기술보급 성과를 바탕으로 '이남주 자연아래버섯'을 전국 브랜드로 육성하고 국내 버섯산업의 랜드마크 정착으로 농업인들에게 꿈과 희망을 주고 돈 버는 '부자농업인'을 만들기 위해 노력하겠다는 포부를 밝혔다.

"농업인에게 꿈과 희망을 줄 수 있는 열의와 전문성을 살려 변화의 시대를 슬기롭게 개척하고, 세계 각국과의 FTA 타결 이후 지역 농업이 살아갈 수 있는 농업여건을 만들기 위하여 최선을 다하겠습니다."

조직배양으로
호접란 시장을 개척하다

상미원

박노은

◉ 충남 태안군 태안읍 송암1길
📞 041-675-4110

'호접란'의 꽃말은 '행복이 날아온다'이다. 꽃이 나비를 닮아 붙여진 '호접란'이라는 이름처럼
스스로 나비가 되어 국내 소비자와 저 멀리 해외에까지 우리나라의 호접란을 알리는 이가 있다.
충남 서산가 전국 제일의 양란 재배 단지로 발돋움하는 데 기여한 상미원 박노은 대표다.

조직배양을 통해 새로 태어난 호접란

충남 서산에 위치한 상미원에는 다양한 종류의 호접란이 있다. 서로 다른 특성을 지닌 난을 교배, 조직배양을 통해 세상에 없던 난이 태어나 소비자들의 눈을 사로잡고 있는 곳이다. 상미원 박노은 명인은 1995년부터 호접란의 조직배양을 시작해 1998년부터는 자신이 개발한 호접란을 상품화시킨 장본인이다.

"1979년부터 화훼농장을 운영하다가 깨끗하고 순수한 모습을 지닌 춘란소심을 만나 난과 식물의 매력에 빠지게 되었습니다. 그렇게 시작된 난과의 인연으로 1986년 자연스레 양란을 재배하기까지 이르렀고 지금의 호접란 재배까지 이르게 되었죠. 호접란은 제 인생의 운명입니다."

박노은 명인은 대만 수입에 의존해 재배하던 호접란의 수입대체를 위해 자체적으로 연구, 화경마디에 있는 곁눈을 이용해서 유식물을 얻는 방법을 개발하였다. 화경배양을 통해서 얻은 유식물의 잎으로 다량의 인공종자를 얻은 후 발아 시켜, 대량의 조직배양묘를 생산했다. 그리고 생육이 균일한 배양묘를 만들기 위하여 인공종자를 우성 육묘용 배지에 밀식시켜 제1엽이 전개한 시점에서 크기가 균일한 것을 선별해, 최종 플라스크에 이식하여 재분화하는 방법도 개발하였다. 기존 농가에서 사용하는 고가의 장비를 모방하여 값싼 장비를 자체 개발

대한민국 최고농업기술명인의 비법

조직배양 기술개발
(호접란 유식물체로부터 원괴체의 유도방법 등)

기자재개발
(분갈이용 배양용기의 배양토 충전장치 및 충전방법 등)

상표개발(꼬마란, 상미원) 및 품종 개발
(60여종, 품종보호등록 7종)

> 박노은 명인은 대만 수입에 의존해 재배하던 호접란의 수입대체를 위해 자체적으로 연구, 화경마디에 있는 곁눈을 이용해서 유식물을 얻는 방법을 개발하였다.

※ **선정 년도 및 분야**
2014년 화훼·특작부문

※ **주요 품목**
호접란(팔레놉시스)

※ **지역파급효과**
조직배양묘 매년 25~30만본 호접란 재배농가에 보급, 재배농가 확대

※ **R&D 기술접목**
액아배양(조직분열에 가장 효과적인 화경 마디의 액아)을 이용 PLB를 유도하는 호접란의 대량 증식체계 확립, 분갈이목적 식재충진기계와 화훼모종 자동 이식시스템 개발

하여 비용을 절감하기도 했다.

이렇게 개발된 호접란은 기존의 호접란 실생묘와 비교했을 때 재배 도중 결손율이 거의 없어 원가가 크게 절감되고 상품을 출하할 때 균일성으로 가격 상승의 효과도 얻었다. 이러한 성과를 인정받아 지난 2014년도에는 대한민국 최고농업기술명인에 선정되었다.

소비자들의 곁에 있는 난

"지금의 난은 경매장을 통해 소비되고 있는데 이는 다양성이 적은 데다가 소비자가 원하는 품종이 아닌, 경매인이 원하는 품종이 재배된다는 문제가 있습니다. 소비자들에게 다양하게 다가가 애지중지 사랑받는 난이 되어야만 합니다."

박노은 명인은 태안군농협을 통해 직거래 판매를 실시하고 있다. 농가가 직접 출하하니 가격도 싸고 볼거리도 제공하여 소비자들의 만족도를 높였다고 한다. 보통 난은 선물용 난으로 소비자들에게 알려져 있다. 이에 소비자들이 생각을 바꾸고 새로운 난 유통 길을 만들어보기 위해 노력하고 있는 것이다.

> **Tip**
>
> **호접란**
>
> 호접란은 2018년 기준 국내 판매액이 186억 원으로 시장규모가 큰 화훼류다. 하나 국내 종묘자급률은 2019년 기준 19.1%에 불과, 이에 경기도농업기술원 선인장다육식물연구소에서는 호접란의 종묘 자급화와 로열티 지불 감소를 위해 신품종 육성 연구를 수행, 2020년 2월까지 총 14종의 호접란을 개발했다.

아프리카에 전하는 우리의 기술

상미원은 온실평수 1,980㎡(약 600평), 조직배양실 330㎡(약 100평), 순화실 330㎡로 재배면적을 축소하여 중요한 시설만 남기고 핵심이 되는 품종만 재배하고 있다. 아들이 대를 이어 호접란을 재배하고 박노은 명인 본인은 해외에 자신의 기술을 전수하고 싶다는 또 다른 꿈을 가지고 있기 때문이다.

"재배한 지 20년이 지나서야 겨우 노하우를 터득했습

명인은 잠비아의 농업인들에게
호접란 조직배양 기술과 재배방법을 전수하며
그곳의 농업인들에게 먹고살 수 있는
길을 열어줬다.

니다. 이제는 해외로 눈을 돌려서 제가 가진 기술을 전수하고 싶습니다. 이는 분명 다가올 미래에 우리나라를 돕는 일이기도 해요."

박노은 명인은 지난 2013년 한 가톨릭 봉사단체가 아프리카 잠비아로 떠난다는 얘기를 듣고, 꿈을 위해 따라 나섰다. 잠비아의 농업인들에게 호접란 조직배양 기술과 재배방법을 전수하며 그곳의 농업인들에게 먹고살 수 있는 길을 열어줬다. 아프리카에서 멈추지 않았다. 명인은 러시아 연해주 우수리스크를 방문해 고려인을 대상으로 호접란 재배법을 전수했고 베트남 호찌민의 농업연구기관 AHTP(Agricultural High-Tech Park)의 초청을 받아 농업 연구자와 현지 농업인들에게 기술을 전수하기도 했다.

자신이 가진 지식을 멈추지 않고 계속 연구하고 개발하고, 다른 이에게 나누는 것을 행복으로 여기는 박노은 명인의 다가올 행보도 기대해 본다.

국산 장미 품종 재배로
생산비 절감 및 수출 겨냥

도원장미원

김원윤

◎ 경남 김해시 진례면 진례로
◎ 055-345-4567

국내에서 유통되는 대부분의 장미는 외국산이다. 높은 로열티는 농업 경쟁력을 위협하는 원인 중 하나.
이에 맞서 국산 장미를 개발해 국내 농업 경쟁력 확보에 일조하고 있는 농업인이 있다.
지난 2007년부터 국산 장미 품종을 개발해 안정적인 재배 및 생산 비용 절감으로 해외 수출을 확대하며
농가 소득 향상에 앞장서고 있는 도원장미원 김원윤 명인을 만났다.

시행착오 끝에 '명인'이 되다

경남 김해에 위치한 도원농장은 8,250㎡의 면적에서 다양한 국산 품종의 장미를 재배하여 농가 소득을 올리고 있다. 도원농장 김원윤 명인은 1975년 아직 국내에 절화장미가 보편적이지 않을 때 장미 농업에 남다른 애정을 가지고 화훼농업에 뛰어들었다. 그 당시 아무런 사전 지식 없이 하우스 농사를 시작하여 난방에서 품종선택에 이르기까지 많은 시행착오를 겪으며 쌓은 노하우를 주변 농가에 제공하여 2015년에는 대한민국 최고농업기술명인에 선정되는 쾌거도 이루었다.

"타 농산품도 그러하나 장미는 그간 해외 품종 의존도가 높아 국내 농업인들의 로열티 부담이 높았습니다. 이에 국산 품종에 대한 희망이 높은 실정입니다. 장미의 안정적인 재배 및 생산비용을 낮추기 위해서는 내병성, 내환경성 품종을 육성하고, 또한 수출을 확대해야합니다."

국산 품종 재배로 농가경영비 절감

농가소득을 증대하기 위해서는 수송성과 품질이 우수한 품종개발이 선행되어야 한다고 강조하는 김 명인은 2007년부터 국산 장미 품종 개발을 시작하였다. 2010년부터는 농촌진흥청과 연계하여 일본 수출용 중

대한민국 최고농업기술명인의 비법

나노탄소적외선등 난방시설 도입으로 에너지 절감과 상품성 향상

새로운 국산 장미 품종 개발과 국내 육성품종 보급

국산 장미 7품종 육종과 국산 장미 보급에이전트로 로열티 문제 해결

> 장미의 안정적인 재배 및 생산비용을 낮추기 위해서는 내병성, 내환경성 품종을 육성하고, 또한 수출을 확대해야합니다.

❈ 선정 년도 및 분야
2015년 화훼·특작부문

❈ 주요 품목
장미

❈ 지역파급효과
국산 품종 이용 확대로 외화 절약, 자연재해 피해 농가 및 테마공원 등에 장미 무상 기증

❈ R&D 기술접목
나노탄소적외선등 난방시설 도입 확대(약 70% 에너지절감 효과)

소형 장미 품종 육성 연구 개발계획서를 매년 제출하고 있으며 현재 △뉴캔디 △리틀엔젤 △슈가핑크 △스텔라 △썬스타 △아벨 6종에 대해 품종보호권자로 등록돼 있다.

"장미를 재배할 때 외국 품종을 식재하면 한 주당 2,000~2,500원을 지불하여야 합니다. 그러나 국산 품종은 한 주당 1,000원에 보급 중입니다. 외국 품종을 식재할 경우 보통 로열티는 주당 1,000~1,500원인데, 농가에서 1ha 재배 시 6,000~9,000만 원의 로열티가 나가기 때문에 농가경영비에 부담이 됩니다. 국산 품종을 재배하면 농가경영비 절약이 가능해지고 국내 농가의 로열티 부담이 줄어들게 됩니다."

특히 김 명인은 스스로 개발한 품종 외에도 각 도농업기술원에서 개발한 품종의 보급에도 노력을 기울여 국내 보급뿐만 아니라 남아메리카 지역 에콰도르에 국내 품종을 수출하는 데에도 성공하였다. 또한 각 연구단체의 기술자문위원으로 활동하며 새롭게 개발된 비료의 보급이나 농약 사용의 신기술을 컨설팅하며, 우수한 품종묘 보급에도 노력하고 있다.

Tip

나노탄소적외선등

원적외선이 다량 방출되는 숯을 원료로 하여 원적외선이 90% 방출돼 세포조직을 활성화시키고, 노폐물 및 중금속류 배출, 혈액순환 촉진 등의 역할을 한다. 항균 효과도 뛰어나 진드기 및 곰팡이 등 병원성 균과 부패균의 증식을 방지한다.

명인은 스스로 개발한 품종 외에도
각 도농업기술원에서 개발한 품종의 보급에도
노력을 기울여 국내 보급뿐만 아니라
외국인 에콰도르에 국내 품종을 수출도
성공하였다.

나노탄소적외선등 난방시설 도입

한편 김 명인은 국제 유가 상승에 따른 농가경영비 가중으로 경영에 어려움을 겪던 시설 재배농가에 1998년 나노탄소적외선등 난방시설을 도입하여 에너지 절감은 물론 상품성 향상으로 20% 이상 수량 증가를 이루고 적외선등으로 곰팡이병을 제거해 온실 내 쾌적한 환경으로 농업인 건강유지에도 도움을 줬다.
40여 년간 오직 장미만을 재배했던 경험과 노하우로 국산 장미 6품종 육종과 국산 장미 보급 에이전트로 로열티 문제를 해결하고, 도원장미원에서 매년 국내육성 품평회를 개최하여 국내 농업인들을 대상으로 국산 품종의 우수성을 알리고 있는 김원윤 명인에게 힘찬 박수를 보낸다.

한국 엉겅퀴 산업의
지평을 열다

임실생약영농조합법인

심재석

📍 전북 임실군 오수면 오수로
📞 063-642-8588
🌐 koreanthistle.com

산이나 들에서 자라 5월이 되면 보랏빛 꽃을 피우는 엉겅퀴. 예로부터 엉겅퀴는 어혈을 푸는 약재로
한방이나 전통 민간요법에서 자주 사용됐다. 또 관절염과 간에도 좋다고 알려져 있다.
하지만 엉겅퀴는 생태계 변화와 남획으로 요즘 자연에서 그 모습을 찾아보기 힘들다.
이 한국 토종 엉겅퀴의 소재적 가치를 재발견하고 국내 최초로 엉겅퀴 재배에 성공한 사람이 있다.

부가가치가 있는 농업에 대한 고민

대한민국최고농업기술명인 제35호인 심재석 명인은 1982년부터 현재까지 40여 년 동안 약초와 함께 한평생을 살아온 약용작물 분야의 전문가다. 농촌에서 태어나 농업을 전공한 명인은 약용작물 부분이 타 작목보다 부가가치와 미래가치가 크다는 사실을 일찍부터 인식하고 약초산업에 뛰어들었다.

수없이 많은 실패를 거듭하면서도 한길만 걸어온 그는 생태계의 변화와 무분별한 남획으로 개체 수가 현격하게 감소되고 있는 한국 토종 야생 엉겅퀴의 가치를 발견했고, 17년 동안 연구 끝에 국내 최초로 재배에 성공했다.

그는 엉겅퀴의 이용목적별 재배방법을 정립했고 생육과정에서 발생하는 생리적 장애를 극복할 수 있는 친환경 재배법도 제시했다. 또한 엉겅퀴 부위별, 수확시기별 생리활성물질 성분을 분석한 엉겅퀴 성분지도를 만들고, 임실 엉겅퀴에만 주로 나오고 있는 특징적인 성분도 연구를 통해 밝혀냈다. 이러한 연구결과를 바탕으로 유효성분이 강화된 엉겅퀴 재배법에 대해 특허를 출원했다. 엉겅퀴는 전 세계적으로 약 200여 종 있는 것으로 알려져 있다. 한국에 자생하는 엉겅퀴도 약 20여 종으로 추측된다. 그중에서 명인이 연구·개발하고 있는 엉겅퀴 품종의 학명은 'Cirsium japonicum var. maackii'으로,

---

대한민국 최고농업기술명인의 비법

실패를 두려워하지 않는 도전정신

부가가치 창출에 대한 지속적인 고민

적극적인 학술연구를 통해 원료 성분 및 효능 집대성

> 수없이 많은 실패를 거듭하면서도 한길만 걸어온 그는 한국 토종 야생 엉겅퀴의 가치를 발견했고, 17년 동안 연구 끝에 국내 최초로 재배에 성공했다.

※ **선정 년도 및 분야**
2016년 화훼·특작부문

※ **주요 품목**
엉겅퀴, 엉겅퀴 추출액 활용 가공품

※ **지역파급효과**
엉겅퀴 재배법 정립 및 전파, 엉겅퀴 원료 표준화, 엉겅퀴 테마공원(3만 3,000㎡) 조성

※ **R&D 기술접목**
다양한 연구기관과 협업으로 엉겅퀴 효능 연구 및 엉겅퀴 산업 개척, 약용작물단지(엉겅퀴, 독활, 작약) 조성에 기여

뿌리, 잎, 줄기, 꽃 등 모든 부위를 식품원료로 이용할 수 있도록 식품의약품안전처에 등재된 유일한 품종이기도 하다.

정확한 품종의 엉겅퀴를 정립된 재배방법으로 재배하고 있는 명인의 엉겅퀴는 원료 표준화가 완성되어 있기 때문에 엉겅퀴를 연구하는 수많은 국내 연구진들은 임실지역에서 생산하고 있는 엉겅퀴로 다양한 연구를 진행하고 있다. 그간 명인이 엉겅퀴를 연구하여 국내외에 발표한 연구 논문만 해도 SCI급을 포함해 20여 편이 넘고, 특허 등록 및 출원도 10종 이상이다.

Tip
서시마르틴

유럽산 엉겅퀴인 밀크씨슬에는 없지만 토종 엉겅퀴에는 서시마르틴(cirsimartin) 성분이 있는 것으로 밝혀졌다. 서시마르틴은 췌장세포와 중추신경세포를 보호하고 에스트로겐 호르몬을 활성화시켜 폐경 증상을 개선시키는 성분이다.

약용작물의 가치를 키우다

대표적으로 엉겅퀴에 대해서 연구되고 있는 부분은 간, 혈행 개선, 관절염 분야이며 농촌진흥청 및 각 대학 연구기관과의 협력을 통해 연구가 진행되고 있다. 보통 간 손상은 알코올 섭취로 인해 지방간 등으로 악화하는 것으로 인식하는 경우가 대부분이지만 현대에 와서는 식습관의 변화 등으로 인한 비알코올성 지방간에 대한 우려가 커지고 있는 상황이다.

농촌진흥청에서는 엉겅퀴가 알코올성 간 손상에 도움이 된다는 것을 연구를 통해 확인했고, 전주대학교 의과학대학에서는 비알코올성 간 손상에 대한 연구도 진행하여 세계적으로 널리 쓰이고 있는 대표적인 간 영양제인 밀크시슬보다 우수한 효과가 있음을 확인했다.

또한 바이오그린21 연구사업의 일환으로 농촌진흥청과 아주대학교는 뼈를 보호하고 연골 파괴를 억제하는 만성 퇴행성 관절염과 급성 퇴행성 관절염에 치료 및 보호 효과가 뛰어남을 규명했으며, 가천대학교 한의과대학 연구진은 엉겅퀴 성분 중에 서시마르틴이 췌장세포 보호효과가 있으며 이와 더불어 당뇨 합병증을 치유할 수

<u>엉겅퀴를 연구하고 싶은 국내 연구진은 항상 심재석 명인을 찾는다. 재배법을 정립한 덕에 명인의 엉겅퀴는 원료 표준화가 되어있기 때문이다.</u>

있다는 결과를 SCI급 연구 논문으로 발표하기도 하였다. 서시마르틴은 한국 토종 엉겅퀴 중 임실 엉겅퀴에서 주로 발견된다.

이러한 연구 결과를 바탕으로 임실생약은 지난해 17농가에 엉겅퀴를 계약재배 함으로서 농가소득에 이바지하고 있으며, 표준화된 원료를 가지고 액상류, 환 및 분말류, 발효제품류, 농축액 등 엉겅퀴와 관련된 다양한 제품을 개발하여 생산하고 있다.

"사계절이 뚜렷한 우리나라의 산과 들에 자생하는, 그리고 우리 주변에 산재되어 있는 소재자원들에는 이제까지 규명되지 않은 많은 가치가 숨어 있다"고 얘기하는 그는 임실 엉겅퀴를 글로벌 식의약 소재로 키우려는 꿈을 키워가고 있다. 엉겅퀴와 함께 '최초' 기록을 쓰고 있는 명인. 그의 연구로 인해 국내 엉겅퀴 산업이 눈부시게 성장하길 기대해 본다.

한국 차의
세계 진출을 이끈다

보향다원

최영기

📍 전남 보성군 보성읍 동암1길
📞 061-852-0626
🌐 www.bohyang.com

보성은 녹차 수도다. 이곳에서 전국 녹차 생산의 40%가 이뤄진다.
파릇파릇한 녹색 잎이 차 밭을 뒤덮는 봄이 오면 관광객의 발길도 보성으로 향하고,
차밭을 배경으로 한 광고와 영화 촬영도 이어진다. 보성 차, 그리고 한국 차의 중심에 있는
최영기 명인을 만났다.

80여 년 역사를 자랑하는 유기농 녹차

보향다원은 보배로운 향기가 가득한 농장이란 뜻이다. 1937년 최영기 명인의 증조부와 조부가 보성의 야산을 개간하며 시작해 벌써 80년이 넘었다. 어릴 때는 차 밭을 놀이터 삼았고 학교에 다니며 부모님 일손을 도왔다. 자연스럽게 농업인의 길을 걸었다.

명인은 차를 위해 연구와 개발을 멈추지 않았다. 그 결과 2009년 금 녹차와 금 홍차를 개발했다. 기존 금덩어리나 가루를 뿌린 방식이 아닌 금을 전기분해한 용액을 희석해 뿌리에 뿌려 금 성분이 잎에 배게 하는 방식이었다. 80g에 130만 원이나 하는 고가지만 귀빈 선물용으로 인기가 높다. 위성락 전 주러시아 대사가 러시아 대통령 푸틴에게 금 녹차 100상자를 선물해 유명세를 치르기도 했다.

최고의 품질을 위해 보향다원은 유기농 생산을 고집한다. 명인의 조부 때부터 시작해 지금까지 이어오고 있다. 세계의 모든 차는 동백나무과 차 나무, 한 종에서 생산된다. 생산되는 잎을 가공하는 방법에 따라 홍차, 녹차, 백차 등으로 나뉜다. 즉 보향다원에서 생산하는 녹차뿐 아니라 모든 차가 유기농이다. 요즘이야 유기농 제품이면 비싸도 찾는 사람이 많지만 당시는 흔치 않았다. 하지만 벌레와 풀이 죽으면 사람도 죽는다는 확고한 신념이 지금의 믿고 먹을 수 있는 보향다원의 이미지를 만들었다.

대한민국 최고농업기술명인의 비법

고품질 녹차 생산을 위한 기술습득

글로벌 진출을 위한 적극적인 사업 추진

연구개발을 통한 전통의 계승 및 발전

> 벌레와 풀이 죽으면 사람도 죽는다는 확고한 신념이 지금의 믿고 먹을 수 있는 보향다원의 이미지를 만들었다.

❀ **선정 년도 및 분야**
2017년 화훼·특작부문

❀ **주요 품목**
녹차, 홍차, 블랜딩티

❀ **지역파급효과**
녹차를 활용한 상품·관광산업 등으로 지역경제 활성화 및 일자리 창출에 기여

❀ **R&D 기술접목**
80여 년을 이어온 유기농법, 띄움차(미생물 발효차) 연구개발

2007년 언론에서 자극적으로 보도한 '녹차 농약 검출'로 많은 차 농가가 피해를 입었지만 보향다원은 오히려 농약을 사용하지 않는다는 소문에 매출이 대폭 증가했다. 차뿐 아니라 녹차 크래커에 들어가는 밀, 녹차 누룽지의 쌀 등 모든 제품의 재료도 유기농만 사용한다.

세계 각국에서 찾는 보향다원

연간 2만 명의 외국인이 보향다원을 찾아 직접 차를 재배하고 생산하는 체험학습을 한다. 한국과 한국 차의 우수성도 함께 가르치며 명인은 문화 홍보대사 역할도 자처한다. 2015년 5월, 원전 본 계약 체결 차 극비리에 한국을 방문한 아랍에미리트의 국빈 일행도 보향다원을 찾았다. 먼저 보향다원에 다녀간 공주 일행의 적극적인 권유가 있었다. 아랍에미리트는 인당 연 2,800g(한국은 60g)의 차를 소비할 만큼 차를 사랑한다. 처음 보는 차밭과 체험학습에 일행은 기뻐하며 적극적으로 참여했고, 계약도 일사천리로 진행됐다. 보향다원이 국익에 톡톡히 기여한 셈이다.

차에 관해 자부심이 높은 중국에서도 명인의 이름은 유명하다. 22개국이 참가한 광저우 국제 차 박람회에 국내에서는 유일하게 도전장을 내밀었다. 2,000만 원이 넘는 사비를 들여가며 6개월을 준비한 결과 참가자의 높은 관심은 물론, 금 녹차는 박람회 추천 상품으로 선정, 광저우 TV 뉴스에도 집중 보도됐다. 적극적인 글로벌 진출을 위해 미국, 유럽, 일본 인증뿐 아니라 국내 최초로 할랄 인증까지 받았다. 늘어나는 수요에 수작업으로 하던 공정도 자동화해서 생산량을 늘렸다. 지난해부터는 미국과 프랑스에 수출을 시작했으며 특히 아마존을 통한 해외 온라인 판매도 적극적으로 진행 중이다.

> **Tip**
>
> **할랄 인증**
>
> 이슬람 경전인 코란에서 '합법적인'이라는 뜻으로 사용되는 '할랄(Halal)'은 식품 및 기타 소비재와 접목됐을 때 '무슬림이 사용하거나 소비하도록 허용' 됐다는 의미로 통한다. 이슬람 국가에 수출을 하기 위해서는 반드시 필요한 인증이다.

<u>연간 2만 명의 외국인이 보향다원을 찾아 직접 차를 재배하고 생산하는 체험학습을 한다.
한국과 한국 차의 우수성도 함께 가르치며 명인은 문화 홍보대사 역할도 자처한다.</u>

두 아들도 스스로 다원에 합류해 힘을 보태고 있다. 첫째 준용 씨는 법학과를 졸업하고 영어, 일본어에 능통해 해외 판매와 전시회를, 둘째 준성 씨는 전공인 컴퓨터공학을 활용해 스마트 농장관리를 책임진다.

최영기 명인의 폭넓은 차에 관한 지식에 자식들의 젊은 감각이 더해져 새로운 것을 원하는 젊은 세대에게 인기 많은 차들도 개발됐다. 차밭에서 하는 팜웨딩, 다양한 연령층과 외국인을 대상으로 하는 체험과 교육 프로그램 자식들의 의견을 적극 반영해 만들어졌다. 많은 사람이 '다성(茶成. 차로서 이룬다)'이라는 호로 불러주지만 아직 이룬 게 없어 부끄럽다는 명인. 세계를 무대로 한국 차의 향기를 널리 퍼뜨려 가는 명인과 보향다원을 응원한다.

판로 걱정 없는
국산 명품 한약재

동부생약영농조합법인

홍재희

📍 전남 순천시 해룡면 여순로
📞 061-752-9004
🌐 www.dbherbal.kr

전라남도 순천에 가면 각종 약용식물을 구입해 가공, 판매하는 곳이 있다.
약초 명인 홍재희 대표가 2006년에 설립한 동부생약영농조합법인이 바로 그곳이다.
수십 년간 약초업계에 종사해온 홍 명인은 농업인과 지역사회, 고객 모두가 상생하는 구조가
마련되길 바라며 동부생약영농조합법인을 탄생시켰다. 그곳에서 홍 명인을 만나
약초업계의 발전과 연구개발에 힘써온 그의 이야기를 들어보았다.

끊임없는 경험과 공부로 특허까지

30여 년 전 순천 중앙시장에서 약초 도매상을 시작했을 때만 해도 그는 약초를 향한 열의만 있을 뿐 지식과 정보는 거의 없는 32세 청년이었다. 시간이 오래 걸리더라도 그 누구에게도 뒤지지 않는 약초 전문가로 거듭나고 싶었다. 그래서 밤낮으로 『본초강목』, 『동의보감』 등의 고서와 약초 정보지를 읽으며 약초의 특성을 공부하기 시작했다. 그런 꾸준한 노력은 그에게 좋은 품질의 약초를 알아볼 수 있는 안목과 만족할 만한 수준의 약초를 길러내는 능력을 가져다주었다. 약초에 대한 배움은 자연스럽게 연구개발로 이어졌다. 안전하게 먹을 수 있는 친환경 제품을 생산하기 위해 연구개발에 힘쓴 결과 그는 '별의별 적하수오', '백세팔팔' 등의 건강보조식품을 만들어낼 수 있었다.

명인은 그동안 다양한 방식으로 약초를 연구개발해 의미 있는 성과를 얻었다. 그 중에서 빼놓을 수 없는 것이 '적하수오 종자 발아' 연구개발이다. 그는 우리나라에서 제대로 된 적하수오(하수오)가 생산되지 못하는 현실과 시중에서 백수오를 하수오로 여기며 거래하는 것, 중국산 '이엽우피소'가 백수오로 둔갑해 재배, 판매되는 일이 비일비재한 것이 속상했다.

"신장과 간을 보호하는 적하수오를 대중화시키면 좋겠다고 생각했어요. 물론 당시로써는 꿈같은 이야기였죠.

대한민국 최고농업기술명인의 비법

무농약·친환경 약초 재배

깊이 있는 연구로 다양한 식품 개발 및 특허 출원

집하장, 건조장, 선별장, 유통판매장 보유한 조합 시설 마련

2008년 그는 적하수오 종자 발아 연구를 시작했다. 실패의 연속이었지만 포기하지 않았다. 그리고 2010년, 연구 3년 만에 국내 최초로 적하수오 대량 발아에 성공했다.

- **선정 년도 및 분야**
  2018년 화훼·특작부문
- **주요 품목**
  하수오
- **지역파급효과**
  하수오·GAP·친환경 재배기술 교육 및 전파, 영농조합 설립으로 농가 농산물 수매 및 유통
- **R&D 기술접목**
  하수오 대량종자발아 국내 최초 성공 및 특허 취득, 하수오 유효성분 공동연구

적하수오는 압력과 습도에 민감해 발아가 어려운 작물이거든요."

2008년 그는 적하수오 종자 발아 연구를 시작했다. 실패의 연속이었지만 포기하지 않았다. 그리고 2010년, 연구 3년 만에 국내 최초로 적하수오 대량 발아에 성공했다. 2013년 적하수오 발아 특허증을 받은 뒤에는 많은 사람이 적하수오를 접하기를 바라며 개발해낸 종자 발아 기술을 주변 농업인들에게 제공했다.

홍 명인은 약초 재배에서부터 철저히 친환경을 실천하고 있다. 순천에 재배지를 마련해 직접 약초를 키우고 있는데 임야 8만 2,644㎡(약 2만 5,000평)에는 엄나무, 산청목, 후박나무 등을, 유통판매장 부근에 있는 전야 2만 2,148㎡(약 6,700평)에서는 하수오를 키운다. 친환경은 그가 약초를 키울 때 가장 중요하게 여기는 요소다. 무농약으로 약초를 키우고 밭에 비닐과 부직포를 덮어 잡초를 처리하고 있다. 그런 노력 끝에 재배하고 있는 하수오가 농산물우수관리(GAP) 인증을 받을 수 있었다.

> **Tip**
>
> **적하수오(하수오)**
>
> 하수오는 뿌리가 고구마와 같은 붉은 색을 띠고 있어 적하수오라고도 불린다. 흔히 백수오와 같은 것으로 혼동하기도 하는데, 백수오는 하수오와는 전혀 다른 식물이며 뿌리가 희다. 간 기능을 향상시켜 피로를 적게 하고 피부를 윤택하게 하며 신경통에 효과가 있는 약초다.

농가의 소득 향상을 위한 협동조합 설립

동부생약영농조합법인(이하 조합)은 3층 건물에 집하장, 건조장, 선별장, 유통판매장 등의 시설을 갖추고 있다. 법인을 설립하고 3년 만에 마련한 이 시설에서는 순천, 여수, 광양, 구례 등에 있는 농가 1,000여 곳에서 구입한 택사, 황금, 강황 등의 약초를 판매한다. 홍 명인은 '농가가 안정적인 소득을 유지해야 우리나라 약초 산업의 미래가 밝다'는 신념으로 조합을 운영하고 있다. 사실 한 해가 다르게 약초 가격이 변하다 보니 농업인들은 약초를 키우면서도 판매에 대한 불안과 조바심을 떨쳐버릴 수가 없다. 그런데 조합이 규격화된 가격으

'농가가 안정적인 소득을 유지해야 우리나라 약초 산업의 미래가 밝다'는 신념으로 동부생약영농조합법인을 운영하고 있다.

로 약초를 구입하자 농업인들은 든든한 거래처가 생겨 마음 편하다며 뜨거운 반응을 보냈다.

그는 수십 년간 약초를 연구개발하고 농업인들의 판로를 개척한 성과를 인정받아 2013년 '전라남도 농업인대상', 2016년 '신지식농업인', 2018년 '대한민국 최고농업기술명인', 2020년 제1회 임업인의 날 기념 대통령 표창을 수상하게 되었다. 사실 수상은 기대하지 못했던 일이었다. 약초가 좋아 푹 빠져 지내다 보니 자연스럽게 많은 사람에게 인정받고 상도 받게 되었다. 홍재희 명인은 '포기하지 않고 노력하면 반드시 결실을 맺는다'는 믿음으로 지금도 약초 공부를 하고 있다. 또한 자신이 가진 정보와 지식을 농업인들과 나누려고 한다.

"저는 명인의 의무 중에 하나가 정보와 지식을 나누는 것이라고 생각합니다. 그래서 약초에 관심이 많은 분들이나 약초를 재배하고 있는 농업인들에게 저의 지난 경험과 꾸준히 쌓아온 정보를 전해드리고 있습니다."

혁신형 쿨링하우스 개발로
화훼농가 소득 증대에 청신호를 알리다

무등농원
김종화

📍 광주 북구 신용산길
🌐 www.moodeungfarm.com

전라도 광주 영산강을 끼고 있는 한 농원. 국내에서 가장 크다는 초대형 시설하우스 안에는 장미 향이 가득하다.
한겨울인데도 280여 종의 형형색색 장미꽃이 추위를 모른 채 물결을 이루고 있다.
이 초대형 온실을 개발한 사람은 무등농원 김종화 명인.
장미꽃 재배로 고소득을 올리는 비결은 그가 개발한 '혁신형 쿨링하우스'에 있다.

다양한 기술이 복합적으로 접목된 초대형 쿨링하우스

김종화 명인의 무등농원은 2개의 동으로 나뉜다. 하나는 딸기를 재배하는 하우스이고, 또 다른 하나는 장미 하우스다. 크기가 자그마치 폭 52m, 길이 86m, 높이 16m 규모로 국내에서 가장 크다. 이 모두가 자신이 40여 년 전에 개발한 쿨링하우스에서 비롯되었다.

이 혁신형 쿨링하우스는 여름철 실내온도를 낮춰 고품질 농산물을 재배할 수 있도록 여러 장치의 다양한 기술이 복합적으로 접목되어 있다. 하우스를 작동시키면 온실 상부에는 하얀 천이 커튼처럼 덮이고, 서서히 켜지는 조명이 장관을 연출한다. 이 모든 것이 자동화된 설비로 적정한 온도와 빛을 유지하여 장미의 생산성과 품질을 높이기 위한 장치다.

거기에 온도를 낮추고 작물에 수분을 공급하는 무인방제 분사노즐, 하우스의 환기장치, 광폭하우스에 설치된 골조 등 이 모든 장치의 기술이 하나의 구조물로써 접목되어 있다.

김 명인이 쿨링하우스를 처음 개발한 것은 1981년쯤이다. 처음에는 그가 폭 30m, 높이 10m의 광폭하우스를 짓겠다고 했을 때는 많은 사람들이 우려의 시선을 보냈다. 그러나 그는 자신의 계획을 실현했고, 해낼 수 있다

대한민국 최고농업기술명인의 비법

사계절 고품질 농산물 생산이 가능한 쿨링하우스 개발

배움에 대한 열정과 과감한 추진력으로 기술특허 6건 보유

노하우를 바탕으로 후학 양성에 적극 동참

지속적으로 보완과 개선을 거듭한 가운데 기술을 특허 출원하였으며 지금은 폭이 60m인 온실까지 건립할 수 있는 기술을 보유하게 됐다.

- **선정 년도 및 분야**
  2019년 화훼·특작부문
- **주요 품목**
  장미, 거베라, 꽃도라지
- **지역파급효과**
  화훼농가 소득 증대 효과
- **R&D 기술접목**
  저온유지 장치, 무인방제 분사노즐, 하우스의 환기장치

는 자신감을 얻었다. 이후 그는 지속해서 보완과 개선을 거듭한 가운데 기술을 특허 출원하였으며 지금은 폭이 60m인 온실까지 건립할 수 있는 기술을 보유하게 됐다. 하지만 그의 연구 과정이 순탄하지만은 않았다. 사업 초기에는 온실 구조가 미흡해 생산성이 떨어지는 상황이 반복되었고 품질 좋은 장미를 더 많이 생산하기 위해서는 새로운 시스템의 온실을 구상해야만 했다. 광량이 풍부해야 하면서도 온도를 낮춰야 하는데, 그러려면 온실을 대폭 확장시켜야 한다는 결론에 도달했다. 그렇게 한 결과, 계절에 상관없이 50일 동안만 재배하면 해외로 수출되는 장미가 탄생한 것이다. 장미를 잘 관리하면 6모작도 가능한 스마트 팜이 실현되는 순간이었다.

> **Tip**
>
> **고온극복형 스마트 쿨링하우스**
>
> 명인이 개발한 쿨링하우스의 현장 보급 가능성과 채소·화훼의 적용 가능 여부를 검증하기 위해 2019년 7월 국립원예특작과학원에서 설립한 시설. 안개분무, 차광 커튼, 냉방 시설 등을 비롯해 뿌리 환경을 정밀 제어할 수 있는 장치와 양액 시스템, 천정에는 대형 환기창이 설치돼 있다.

화훼영농 47년 노하우로
후진 양성에 기여하고파

김종화 명인은 마산에서 태어나 전남 광주에 터를 잡으면서 1970년대 중반에 화훼 농사를 시작하였다. 첫 시작은 튤립 등 구근 화훼류와 절화 국화였다. 농사 경험이 점차 쌓이고 숱한 시행착오를 거치면서 그는 다양한 기술을 개발하게 되었고, 고품질의 화훼를 생산할 수 있는 노하우를 터득했다. 그의 성공 비결은 무엇일까.

"우선, 배움에 대한 지속적인 열정, 지식으로만 머무르지 않고 추진력을 발휘하는 그리고 새로운 기술개발에 과감히 투자하는 것, 이 세 가지 요인이 오늘의 저를 있게 한 것 같습니다. 제 기술을 농민들이 널리 활용하고 나아가 그들이 또 다른 기술을 개발하도록 공유하고 싶습니다."

몇 해 전 카이스트 출신의 젊은이들이 아쿠아포닉스 수경재배 농법으로 스마트 팜을 창업했다는 소식을 들었

계절에 상관없이 50일 동안만 재배하면 해외로 수출되는 장미가 탄생한 것이다. 장미를 잘 관리하면 6모작도 가능한 스마트 팜이 실현되는 순간이었다.

을 때, 그는 자신의 일인마냥 무척 뿌듯했다고 한다. 새로운 기술을 농업과 적극적으로 접목하는 젊은 농업인들을 지켜보는 것이 뿌듯하다.

그의 기술은 농촌진흥청 연구진의 실증 연구와 결합되었고 2020년 3월 아랍에미리트(UAE)에도 전수되어 시범 설치되었다. 2021년 10월 개최될 두바이 엑스포에서도 선보일 예정이다. 김종화 명인은 자신이 쌓아온 경험과 노하우를 후진 양성과 농업의 발전을 위해 계속해서 함께 나누고 싶다고 전한다.

산채 대량생산과 산야초 가공법 개발로 산나물 달인이 되다

뫼들산채농원

최상근

◎ 강원 홍천군 구룡령로
☎ 033-434-9684

최상근 대표는 산나물을 대량생산할 수 있는 재배기술을 정립하고 장기적으로 저장이 가능한 산야초 가공법 개발로 업계의 인정을 받고 있다. 또한, 산채 재배과정에서 노동력을 절감시켜 주는 다목적 운반차를 개발함으로써 생산량 증대와 함께 노동력을 분산시키는 효과를 가져왔다는 점에서 그 공로가 인정되어 명인으로 선정되었다.

산나물 달인의 산채 재배 노하우와 산야초 가공기술

최상근 명인은 1993년 고향인 강원도 홍천군 내면에 귀농하여 현재 운영 중인 오대산 산채원을 신축해 음식점을 운영하던 중 산약초나 자연산 산채를 채취해 가공판매를 하였다. 방문하는 도시민들이 기능성 약초와 산채를 선호하는 모습을 보며 일반적인 농산물보다 기능성이 다양한 약초와 산채를 가공 상품으로서 생산 확대하기로 결심한 것이다.

그가 주력하는 품목은 산마늘, 눈개승마, 곰취 등이다. 노지와 하우스를 포함해 약 1만 9,834㎡(6,000평) 규모에서 재배하며 요즘은 한 해 평균 1억 5,000만 원에서 2억 원 정도의 매출을 올리고 있다.

"산마늘의 경우 출하기간이 짧고 수확하기까지 기간이 길어요. 다른 산나물에 비해 가격이 높아 안정적인 소득원으로 알려지면서 재배면적이 크게 늘었습니다. 결국 조기 수확으로 경쟁력을 확보해야 소득을 높일 수 있습니다."

산나물 재배에 있어 그가 주력하는 점은 육묘상자에 산마늘 등의 모종을 심어 단위 면적당 생산량을 늘리는 것이다. 보통은 노지에서 산마늘을 재배하는데, 6월에 종근을 심고 수확할 때까지 3~4년이 걸린다. 그런데 명인이 개발한 상자재배 기술을 적용하면 조기 출하가 가능하다.

대한민국 최고농업기술명인의 비법

- 산나물류의 대량생산 재배기술 정립
- 장기저장을 위한 산야초 가공법 개발
- 노동력을 절감시켜 주는 다목적 운반차를 개발

> 산마늘의 경우 출하기간이 짧고 수확하기까지 기간이 길어요. 조기 수확으로 경쟁력을 확보해야 소득을 높일 수 있습니다.

선정 년도 및 분야
2020년 채소부문

주요 품목
산채

지역파급효과
친환경 산채의 생산성을 높여 농가소득 증대

R&D 기술접목
산야초 가공기술 5단계 개발

친환경 산채 재배법 확산과
농가소득 증대에 희소식

최상근 명인이 개발한 산야초 가공기술은 5단계로 나뉜다. 1단계는 산야초를 끓는 물로 고온 열처리하는 단계, 2단계는 열처리한 산야초를 15℃ 이하의 냉수에서 헹구는 단계, 3단계는 냉수에 헹군 산야초를 포장하는 단계, 4단계는 포장된 산야초를 영하 25℃에서 영하 55℃ 사이 온도에서 2시간 이내에 급속 동결시키는 단계, 5단계는 장기 보관을 위해 동결된 산야초를 영하 15℃ 내지 영하 20℃의 온도에서 냉동 저장하는 단계다. 이 단계를 거치면 수확기간이 1~2개월에 불과한 산야초의 고유의 맛과 향을 최대한 살리면서도 장기간 저장 및 유통시키는 것이 가능하다. 또한 소비자로서는 사계절 내내 산야초의 신선한 맛과 향을 느낄 수 있다고 한다.

"처음에는 산나물 특성을 몰라 많은 실패를 했습니다. 꾸준히 하다 보니 어느덧 재배법을 터득하여 산나물 달인이 되었고, 지금은 제가 가진 재배기술과 가공법을 이웃 농가에 알려주고 있습니다."

그가 최고농업기술명인이 되기까지 많은 어려움이 있었다. 그럴 때마다 그는 심기일전하는 자세로 산채 공부에 몰두했다.

> **Tip**
>
> **산야초**
>
> 산야초는 현대인들에게 부족하기 쉬운 각종 비타민 요소와 무기질, 섬유질 등이 풍부하게 들어있다. 오랫동안 산야초를 골고루 섭취하면 각종 성인병 예방은 물론 치료에도 크게 도움을 받을 수 있다. 혈액 정화 능력도 뛰어나다.

> 처음에는 산나물 특성을 몰라 많은 실패를 했습니다. 꾸준히 하다 보니 어느덧 재배법을 터득하여 산나물 달인이 되었고, 지금은 제가 가진 재배기술과 가공법을 이웃 농가에 알려주고 있습니다.

산채아카데미, 가공기술, 농업인 최고 마케팅과정 등을 이수하면서 산나물 재배법에 대한 전문성을 점차 높일 수 있었다. 현재 명인은 산채 재배와 함께 테마체험 관광, 교육프로그램을 추진하고 있다. 거기다 육묘 생산시설, 산채가공 체험포장 시설과 함께 뫼들산채농원을 운영하며 견학과 실습교육장으로 활용하고 있다. 아울러, 전국 각지의 산채 재배 농가들과 정보교환을 통해 친환경기능성 산채 재배를 확산시키며 지역주민과의 화합과 소득증대에도 기여하고 있으며 자신의 산채 재배법을 전국 농업인에게 전하기 위해 산림청 임업진흥원 유튜브 채널을 통해 강의도 제공하고 있다. 산채를 생산하는 농업인의 기준이 아닌, 산채를 선호하는 소비자의 기준으로 재배해야겠다는 각오로 후진 양성을 하고 있는 최상근 명인. 18년간의 시행착오 끝에 얻은 값진 교훈을 적극적으로 나누고, 우리나라의 기능성 산채를 더 많은 도시민에게 알리기 위해 명인은 오늘도 달린다.

농업의 미래를 만나다
대한민국 최고농업기술 명인
56人

축산

196
한국형 유가공산업을 발전시키다
삼민목장 손민우 명인

200
노동력, 경영비 줄이고
생산력 높이는 명품 축사 경영
석청농장 백석환 명인

204
안전한 무항생제 한우
우리 풀 먹으며 자란 행복한 한우
오성그린농장 김상준 명인

208
악취, 해충, 항생제 없는 3無농장
비전농장 김건태 명인

212
생체리듬 고려한 축산 환경으로
건강한 낙농 산업을 이끈다
또나따목장 양의주 명인

216
철저한 생육환경, 족보 관리로
청정한우를 만든다
행원육종목장 문흥기 명인

220
선진기술 도입과 고품질 원유 생산으로
낙농가에 희망을 불어넣다
은아목장 조옥향 명인

224
좋은 품질과 맛
최고의 경쟁력을 갖춘 돼지
까매요 박영식 명인

228
부드러운 육질,
DNA를 가진 명품 흑돼지
다산육종 박화춘 명인

232
치악산금돈, 축산업의 미래를 열다
금돈 돼지문화원 장성훈 명인

236
기록하고 돌아보며 걸어온 길
그 위에서 자라는 한우의 미래
덕풍농장 오삼규 명인

한국형 유가공산업을 발전시키다

삼민목장

손민우

◉ 경남 함양군 유림면 유림북로
☎ 055-964-5796

통계청에 따르면 1인당 치즈 연간 소비량은 2000년 1kg에서 2017년 3.1kg으로 3배 이상 늘었다.
치즈를 비롯한 유가공식품 시장이 급속히 증가하고 있는 것이다.
국내 목장형유가공 분야의 최고명인 삼민목장의 손민우 대표를 찾아
우리나라 유가공식품 시장에 대한 얘기를 들었다.

좋은 유가공제품을 위해 꼭 필요한 종축개량

"명인이라고 하지만 아직 멀었습니다. 유가공 선진국에 비하면 국내 유가공시장 규모나 제품은 아직 걸음마 단계라 할 수 있지요."

삼민목장 손민우 명인은 겸손한 인사말을 꺼내며 말을 이었다. 아버지가 목장과 관련된 일을 했기 때문에 어려서부터 목장은 손 명인의 놀이터이자, 배움터였다. 자연스럽게 목장경영까지 배우게 된 그는 1983년 처음으로 젖소 2마리로 시작해 축산업에 종사하게 되었다. 손 명인의 주특기는 우수인자를 가진 소를 생산하는 '종축개량'이다. 삼민목장 축사에 있는 젖소 중 우수등급(83점 이상)에 해당하는 소만 13마리에 이르고, 모든 젖소의 평균점수가 81.4점으로 우수등급에 근접해있다. 지난 2018년에는 창녕가축시장 특별행사장에서 열린 '제1회 경상남도 젖소 품평회'에서 초대 그랜드 챔피언으로 명인의 젖소가 수상했다.

"좋은 유가공 제품을 생산하기 위해서는 무엇보다 중요한 것이 바로 원료인 우유입니다. 좋은 우유를 생산하려면 종축개량이 필요합니다. 고품질 우유를 많이 생산하기 위한 방법이 바로 종축개량이기 때문입니다."

대한민국 최고농업기술명인의 비법

1985년부터 지금껏 끊임없는 종축개량 실시

과잉 생산되어진 우유를 이용해 12종 이상의 다양한 치즈제조기술 보유

갓 짠 1등급 신선한 우유를 10분 이내 유가공 공장으로 옮겨 제조

> 좋은 유가공 제품을 생산하기 위해서는 무엇보다 중요한 것이 바로 원료인 우유입니다. 좋은 우유를 생산하려면 종축개량이 필요합니다.

❀ **선정 년도 및 분야**
2009년 축산부문

❀ **주요 품목**
우유, 유가공품

❀ **지역파급효과**
경남 유가공연구회 및 경남 유가공 스터디 등을 결성해 경남 목장형 유가공 전파

❀ **R&D 기술접목**
우수한 품질의 소를 만들어내는 종축개량기술, 목장형 유가공연구회를 통한 치즈와 치즈요리 개발

국내 목장형 유가공 모델을 만든다

1983년 2마리로 시작한 목장은 현재 120두(착유우 50, 건유우 8, 육성우 32, 송아지 30)에 이르렀다. 목장이 어느 정도 자리를 잡게 되자 손 명인은 유가공 제품에 눈을 돌리게 되었다.

"1997년부터 우유 가공교육을 받았습니다. 앞으로 유가공식품이 시장이 크게 늘어날 것으로 생각했기 때문입니다. 그러던 중 2003년 순천대학교 평생교육원에서 목장형 유가공 정규과정을 수강하면서 유가공에 푹 빠지게 되었습니다."

그는 늦은 나이지만 유가공에 관련된 각종 교육을 이수하기 시작했다. 국내에서만 24회(순천대 2, 천안연암대 1, 경남도원 유가공스터디 16, 국립축산과학원 5)의 교육을 수료했으며, 외국 선진지 탐방을 통해 견문을 넓히고 노하우를 쌓아갔다. 10여 년이 넘는 기간 동안 공부한 결과 2006년 축산과학원 자연치즈 콘테스트에서 최고상인 금상을 수상했다. 현재 손 명인은 12종 이상의 치즈제조기술을 보유하고 있으며, 2011년부터 소비자의 기호에 맞는 치즈를 골라 스트링치즈, 고다치즈, 프릴치즈를 가공·판매하고 있다.

> **Tip**
>
> **선형심사의 필요성**
>
> 선형심사는 젖소의 생산능력에 직간접적으로 영향을 미치는 중요한 기능적 체형 형질의 장단점을 파악하는 활동이다. 젖소의 수명을 길게 하여 생애 우유생산량을 늘릴 수 있도록 후대를 개량하는 데 중요한 역할을 한다.

목장형 유가공 체험교육농장 운영

종축개량뿐 아니라 다양한 유가공제품 개발, 교육 등으로 그는 2009년 농촌진흥청에서 수여하는 축산분야 '대한민국 최고농업기술명인'에 선정됐다. 또한 2012년에는 농림수산식품부에서 선정하는 2012년 신지식농업인까지 선정되어 명실상부 우리나라를 대표하는 축산분야 신지식인, 그리고 최고농업기술명인으로 인정받았다.

충성도가 높은 소비자 확보로
우유소비를 촉진하는 체험교육농장 마련 및
농촌융복합산업(6차 산업) 육성에
앞장설 계획이다.

그는 앞으로 유가공에 대한 기술교육 확대와 함께 목장형 유가공 체험교육농장을 운영할 계획이다. 개방화 시대 수입산 낙농제품의 확대에 따른 잉여원유 소진과 낙농업의 수입원 증대 및 열린 낙농현장을 소비자에게 보여 줌으로써 국산 우유와 낙농환경에 대한 신뢰감을 구축하겠다는 것이다. 이를 통해 충성도가 높은 소비자 확보로 우유소비를 촉진하는 체험교육농장 마련 및 농촌융복합산업(6차 산업) 육성에 앞장설 계획이다.

"2007년부터 경남지역의 낙농가들을 규합해 경남 유가공연구회를 결성했습니다. 명인 지정을 받은 만큼 제가 가지고 있는 기술을 많이 알리고 싶습니다. 삼민목장은 가족농입니다. 큰아들은 판매를, 작은아들은 생산, 막내딸은 가공 등을 담당하고 있습니다. 앞으로 더 많이 노력해 한국형 유가공의 모델을 만들겠습니다."

노동력, 경영비 줄이고
생산력 높이는 명품 축사 경영

석청농장

백석환

◎ 대전 유성구 금남구즉로
◎ 042-935-3477

소 7마리로 시작해 현재 120여 마리를 키우고 있는 석청농장 백석환 명인.
120여 마리를 키우고 있지만 그가 내는 수익은 200마리의 소를 키우는 농장 그 이상이다.
소고기의 육질이 높아 유명 호텔 레스토랑과 유명 셰프가 찾는 한우 명인이 된 그.
백석환 명인의 이야기를 들었다.

1+ 등급이 전체 80%를 넘는 농장

새하얀 배꽃이 유난히 눈에 띄는 4월의 대전 유성구. 이곳에 백석환 명인의 석청농장이 있다. 명인의 농장에 들어서면 먼저 은은한 클래식 음악 소리와 한 눈에도 온순해 보이는 한우들이 손님을 반긴다. 무엇보다도 일반 축사와는 다르게 악취와 파리 같은 벌레들이 없다.

2011년 농촌진흥청이 선정한 대한민국 최고농업기술명인으로 뽑힌 백 명인은 좋은 한우가 되기 위해선 "일단 좋은 환경에서 자라야 하고, 영양소가 맞는 사료를 먹어야 한다. 외국산 소는 푸른 초원 위에서 풀만 먹고 자랄 수 있지만, 우리는 그런 초원이 있는 환경이 아니다. 소들이 성장 단계별로 풀을 먹을 때는 풀을 먹고, 사료를 먹을 때는 사료를 먹는 시기와 양을 맞추는 게 중요하다"고 강조한다.

사육 환경과 사료의 차별화는 한우 육질에 막대한 영향을 미쳤다. 석청농장의 한우는 다른 지역의 한우보다 우수 등급 비율이 월등히 높다. 1++이 최고 등급인 우리의 한우 육질 등급체계에서 일반 한우들은 보통 1+등급이 50% 정도를 차지하는데, 석청농장은 1+등급 한우가 80% 이상이다. 현재 백 명인은 120두 정도의 한우를 키운다. 작은 규모지만, 이 정도의 규모 정도가 전체 소들의 관리에 최적이라는 게 명인의 지론이다.

대한민국 최고농업기술명인의 비법

농산물 부산물 30가지를 이용하여 자가 TMR을 발효해 급여

자가 TMR 발효 사료로 인해 사료비 절감

청결한 환경관리로 소 질병 80% 감소, 송아지 폐사율 0%

자가 발효 사료를 통해 명인은 일반농가 대비 사료비를 45% 절감하고 있으며 1++ 등급이 40%, 1+ 등급이 40%에 달하는 성과를 내고 있다.

- 선정 년도 및 분야
  2011년 축산부문
- 주요 품목
  한우
- 지역파급효과
  유성한우회 작목반 조직으로 송아지 사양관리 및 가축질병, 비육우 사양관리 등 기술관리 전수, TMR 발효사료 연구회 조직
- R&D 기술접목
  볏짚운반 장비 개발, 자가 인공정기 스트로 주입기 3개, 정액 30개 보유, 수태율 87%

작지만 고수익의 자립형 농장

한우 120두를 키우는 작은 규모의 농장임에도 높은 소득을 올릴 수 있는 원리는 간단하다. 생산비를 절감하면서도 한우를 높은 등급으로 키워내는 것이다. 그 비법은 명인이 직접 만드는 균형 잡힌 사료에 있다. 옥수수, 루핀, 쌀겨, 깻묵, 비지, 엿밥, 주정박, 조사료(볏짚, 이탈라이그라스, 청보리, 수입건초), 비타민, 중조, 석회석, 발효제 등을 이용해 48시간 이상 발효시킨 사료를 먹인다.

자가 발효사료는 1997년 IMF가 터졌을 때 소 가격 하락과 사룟값 인상으로 인해 생산비를 낮추기 위해 개발한 것이다. 2007년 농촌진흥청 국립축산과학원에서 사료 배합비 전산 프로그램 개발하자 명인은 전국 농가 중에서는 처음으로 사료 배합비를 자사 설계해 적용했다. 이를 통해 일반농가 대비 사료비를 45% 절감하고 있으며 거세우 출하 시 평균 도체중이 461kg, 1++ 등급이 40%, 1+ 등급이 40%에 달하는 성과를 내고 있다.

좋은 한우를 키우는 비결은 깨끗한 축사 환경도 한몫한다. 지붕 개폐율 60%짜리 축사를 H빔으로 지어 낮에는 지붕을 열어주고 밤이나 비가 올 때는 자동으로 닫히게 설계했다. 볕이 잘 들어 항상 바닥이 건조하고, 톱밥을 사용할 때보다 90% 정도 나은 경제적 효과를 누린다. 피부병 및 기타 질병 발병률이 떨어지는 것은 당연하다. 축사 환경이 깨끗하다보니 소의 질병 발병률도 낮고 폐사율도 0%에 가깝다.

백석환의 한우 행동학

명인은 40년 한우 사육 경험으로 소의 행동을 이해하고, 소가 소답게 자랄 수 있는 축사 환경을 조성하고 있다. 지난 2014년부터 2015년까지는 이러한 노하우

> **Tip**
>
> **한우 사양표준 배합비 프로그램**
>
> 한우 농가가 편리하게 섬유질 배합사료를 만들 수 잇도록 정보를 제공하는 프로그램. 한우의 성장 단계별로 필요한 영양소에 맞춰 농식품 부산물에 첨가하는 원료의 비율을 알려준다. 농촌진흥청은 농가에서 더 쉽게 활용할 수 있도록 지속적으로 프로그램을 업데이트하고 있다.

명인은 40년 한우 사육 경험으로
소의 행동을 이해하고,
소가 소답게 자랄 수 있는 축사 환경을
조성하고 있다.

를 『월간축산』의 '백석환의 소 행동학' 코너에 매월 1회 연재하기도 했다. 그는 이때 연재한 칼럼으로 강의 자료를 만들어 매년 석청농장을 찾는 농업인 300~500명을 대상으로 강의를 하고 있으며 향후 책으로 발간하고 유튜브를 통해서도 한우 사육 노하우를 공유할 예정이다. 이처럼 석청농장은 끊임없는 자기계발을 통해 농장을 더욱 쉽고 편리하게 관리할 수 있도록 연구하고 있다. 특히 우리나라도 빅데이터 농업을 하지 않는다면 농산물 수입 개방 시 경쟁력을 갖추는 데 어려움이 있다고 생각한 명인은 수기로 작성하던 한우 족보와 수정 및 임신 분만 등에 대한 세부 정보를 전산화해 기록하고 있다.
농업을 처음 배울 때부터 지금까지 '교육을 받을 때는 목표가 꿈이 있어야 한다'는 말을 가슴에 품고 달려온 명인은 이제 국립축산과학원에서 근무하는 아들과 함께 2대째 우리나라 한우 농업이 나아가야 할 미래를 제시하고 있다.

안전한 무항생제 한우
우리 풀 먹으며 자란 행복한 한우

오성그린농장

김상준

◎ 전북 정읍시 샘골로
☎ 1577-8531
🌐 www.happyhanu.com

미국의 유명한 프로 농구선수 중 한 명인 코비 브라이언트(Kobe Bryant).
코비의 아버지는 일본 소고기 '와규(미국에서는 보통 kobe(코비) beef라고 하면 원산지에
상관없이 와규를 뜻한다)'를 너무 좋아한 나머지 아들에게 코비(Kobe)라는 이름을 붙였다고 한다.
전북 정읍에 30년간 한우 한 길만을 걸어오면서 일본 와규보다 나은 한우 브랜드를 만들기 위해
헌신하는 명인이 있다.

30년 동안 우리 풀로 먹인 명품 한우

온화한 미소로 개량한복을 입고 있는 김상준 명인. 1982년 전북 정읍 이평면에서 한우 한 마리로 농장을 시작한 김 명인은 어느덧 1,300두를 사육하는 대농장주가 되었다. 30년 넘는 세월이 흘렀지만 처음 시작할 때의 초심은 변치 않았다. 한대와 온대가 교차하고 수량이 풍부한 곡창지대 전북 정읍에서 김 명인의 한우는 일반 사료가 아닌, 우리 풀을 먹고 자란다. 김 명인은 가장 정읍적인 한우가 가장 세계적인 한우라는 자부심으로 '일본의 와규를 능가하는 명품한우를 만들겠다'는 초심을 잃지 않고 매진해 왔다.

"저희 농장의 논은 특이합니다. 20년 동안 사계절 내내 논에서 풀이 자랍니다. 소에다 먹일 풀이지요. 여기저기 곱지 않은 시선들이 있었습니다. 20년 전에는 대놓고 미쳤다고 한 사람도 있었고, 머리 쓰는 사람들은 '벼를 재배해서 볏짚을 소에다가 먹이는 게 낫다'라고도 했습니다. 하지만 그들은 우리 풀의 장점을 모릅니다."

김 명인은 정읍의 논에서 자라는 풀과 볏짚을 소에게 먹인다. 양질의 조사료를 최대한 많이 급여하고 조사료에서 부족할 수 있는 영양소 보충을 위해 비타민제, 광물질제제 등을 추가로 사료에 첨가한다. 이렇게까지 김 명인이 까다롭게 사료를 신경 쓰는 이유는 우리 사료의 현실에 대한 안타까움과 토착 산물에 대한 확신 때문이다.

대한민국 최고농업기술명인의 비법

우수 종모우와 양질의 정액으로 지속적인 유전자 관리와 종자개량 시도

섬유질 TMR 사료 등을 사용 무항생제, 친환경 한우 생산

TMR 사료에 오메가3를 첨가한 특별사료 급여

<u>명인은 정읍의 논에서 자라는 풀과 볏짚을 소에게 먹인다. 조사료에서 부족할 수 있는 영양소 보충을 위해 비타민제, 광물질제제 등을 추가로 사료에 첨가한다.</u>

❀ **선정 년도 및 분야**
2012년 축산부문

❀ **주요 품목**
한우

❀ **지역파급효과**
2007년 유통법인 설립, 호남지역 중심으로 한우 연구와 육종에 뜻을 같이하는 '행복하누연구회' 조성

❀ **R&D 기술접목**
효소 카뎁신의 작용으로 육질을 부드럽게 하는 한우 부분육 숙성방법 등 4개 특허 보유

"프랑스·독일·스위스의 시골 치즈 농가를 가보면 각 지역마다 그 지역의 토착 미생물이 살고 있어 맛이 다양합니다. 스페인 하몽 역시 그렇습니다. 저희는 그런 부분을 장려하지 못하고 위생만을 강조한 나머지 차별화된 토착 농산물을 키워내는 데 미진했습니다."
김 명인이 유럽 토착음식을 사례로 들었듯이, 김 명인의 꿈은 정읍(井邑)만의 차별성을 가진 한우를 만드는 것이다.

송아지 관리프로그램의 차별화

오성그린농장은 30년째 시장에서 한우 송아지를 입식하지 않고 자체 생산으로 두수를 확보하고 있다. 송아지와 육성암소 등 개체에 따라 적정한 사양관리를 진행해서 사료 먹는 속도, 사료효율, 유전적 자질 등을 맞춤형으로 평가 진행한다.

무엇보다도 소의 생리를 고려한 축사시설이 김 명인의 비결이라면 비결이다. 김 명인의 축사는 현대화되어 계절에 상관없이 소가 언제든지 30~35℃ 사이의 따뜻한 물을 마실 수 있게 한다. 또 소들의 놀이시설도 마련되어 있어 소들이 스트레스를 받지 않도록 세밀한 부분까지 신경 쓰고 있다.

일찍이 축산에서 친환경 유기농의 중요성을 깨달은 김 명인은 1990년부터 총체보리를 사료로 도입한 이래 청보리, 호밀, 이탈리안 라이그라스 등의 조사료에 미생물 발효사료를 섞어 소에게 급여하고 있다. 육질이 개선된 것은 당연하다.

전체 생산비의 40% 이상을 차지하는 사료비 절감을 위해서 50만 평의 논과 밭에 청보리와 목초 농사를 직접 지어 양질 조사료를 확보하고 있다. 이 밭은 토양 보전 및 분뇨를 자원화하는 역할까지 한다.

> **Tip**
> ### 섬유질배합사료(TMR)
> 매번 급여할 모든 사료를 한꺼번에 혼합해서 급여하는 방식을 말한다. 곡물과 같은 농후사료와 조사료를 같이 급여해 소의 반추위 환경을 일정하게 유지하고 소화율을 극대화해 소화기성 질병을 감소시킬 수 있도록 만든 것이다.

전체 생산비의 40% 이상을 차지하는 사료비 절감을 위해서 50만 평의 논과 밭에 청보리와 목초 농사를 직접 지어 양질 조사료를 확보하고 있다.

청정 한우고기에 기능성까지! '오메가3' 한우

김 명인의 행복하누의 특징은 고기에 오메가3 함유량이 일반 한우보다 월등히 많다는 것이다. 일반 한우의 경우 고기에 포함된 오메가6와 오메가3의 비율이 보통 100:1인 데 비해, 행복하누는 18:1에 달한다. 오메가3 지방산은 몸에 이로운 지방산으로 세포 움직임이 활발하여 체내 영양흡수에 도움을 준다. 반면 오메가6 지방산은 세포 움직임이 느려 체내영양흡수를 방해하는 역할을 한다. 김 명인은 매월 정기적으로 농장에서 생산된 3개체의 한우를 부위별로 분리하여 고려대 생명의학공학연구실에 성분검사를 의뢰, 오메가3 지방산의 변화 추이를 과학적으로 관리하고 있다.

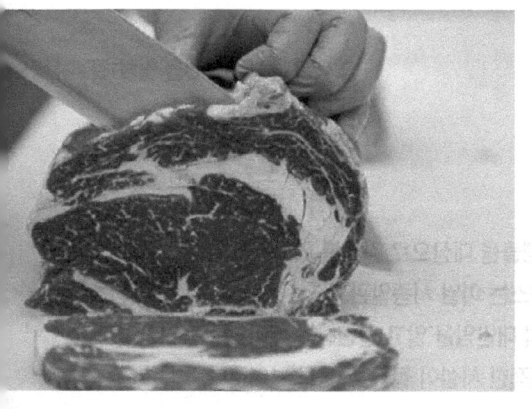

악취, 해충, 항생제 없는
3無농장

비전농장

김건태

○ 충남 홍성군 광천읍 월림1길
○ 041-633-5601

2014년 12월 세계적인 투자의 귀재 짐 로저스가 서울대를 방문, 학생들을 대상으로 강의를 했다.
주로 원자재에 투자해 천문학적인 수익을 올리는 것을 유명한 로저스는 이날 시종일관
농업의 중요성을 강조했다. 홍성의 김건태 명인 역시 농업이 미래의 대안임을 알고 실천하는 깨어있는 농업인이다.
더욱이 친환경 축산농업을 실천해, 축산농장도 하나의 공원처럼 쾌적한 시설이 될 수 있음을 보여준다.
우리 축산농업의 비전을 제시한 그의 농장을 찾았다.

주인의식으로 일관한 축산업

'하늘은 스스로 돕는 자를 돕는다'라는 속담이 있다. 이는 비전농장 김건태 명인의 농업인생을 한 마디로 설명 할 수 있는 경구이기도 하다. 1977년 군대를 제대한 김 명인은 당시 전국적으로 퍼진 새마을 운동을 본 후, 농업과 농촌에 비전을 두고 작은 규모로 소·돼지를 키우면서 본격적인 농업의 길에 입문했다.

시련도 있었다. 1994년에 대형화재 발생으로 모돈 130두를 포함한 1,000여 두의 돼지 및 시설을 잃었다. 남은 건 빚뿐이었고 김 명인은 몇 달을 방황한 나머지 축산업을 포기하려 했다. 평소 알고 지내던 지인이 "당신이 지금 제일 자신 있고 잘 할 수 있는 일이 가축을 사육하는 일이라고 믿는다. 이걸 하지 않으면 어떤 일을 해서 성공할 건가?"라고 일깨워준 말에 다시 용기를 갖고 재기, 현재 돼지 7,000두를 키우는 대농장주로 성장했다.

1993년도부터 한돈협회 홍성군지부장을 시작한 김 명인은 2002년도에 한돈협회중앙회장을 역임했다. 그는 당시의 성과를 이야기하면서 "그때는 축산단체장들이 분기마다 청와대로 초청을 받아 대통령과 마주 앉아 축산업의 현안에 대해 논의하고 건의를 주고받았다"며 "2003년부터 2005년까지 자조금관리위원장으로서 농업인이 주인이 되는 제2의 새마을운동을 했는데 양돈, 한우 등 축산물에서 400억 원이 넘는 자조금을 마련하여

대한민국 최고농업기술명인의 비법

박테리아와 미네랄을 배양한 'BM활성수 시설' 도입으로 냄새 없고 쾌적한 환경 유지

약 6,000㎡의 친환경축사를 신축하고 '동물복지시설' 구축

돼지 배설물을 비료화해 이탈리안 라이그라스 식재, 다시 사료로 활용하는 순환농법 추구

농업인이 주인이 되는 제2의 새마을운동을 했는데 양돈, 한우 등 축산물에서 400억 원이 넘는 자조금을 마련하여 스스로 노력하는 결과를 이루었다.

⊗ 선정 년도 및 분야
2013년 축산부문

⊗ 주요 품목
양돈

⊗ 지역파급효과
동물복지시설에 적합한 운용, 친환경 목장 지향, HACCP 인증, 친환경인증 이웃 농가에 전파

⊗ R&D 기술접목
활성오니 방류시설을 적용, 가축분뇨를 박테리아와 미생물로 분해하면서 수질을 정화

스스로 노력하는 결과를 이루었다. 아마 제 인생에서 가장 보람 깊었던 순간일 것이다"라고 회상했다.

그의 열정은 주변의 여러 당사자에게 긍정적인 영향을 미쳤다. 당시 자조금법안 통과에 회의적이었던 국회입법수석전문위원(차관급)은 그로 인해 법안이 통과된 것을 보고 '나의 인생관이 바뀐 계기'였다고 소감을 피력하기도 했다. 농업인이 기관에 의지해 타성에 젖는 것을 가장 경계한 김 명인은 주인의식 없는 농업인의 앞날은 밝지 못하다는 것을 거듭 강조했다.

'활성오니', 'BM활성수' 기술로
악취 없는 농장 만들다

> **Tip**
> **BM활성수**
>
> 미생물을 이용해 자연암석으로부터 칼슘, 마그네슘 등 식물에 필요한 각종 미네랄을 추출한 친환경 미생물제로 토양 미생물 활동을 원활하게 해주어 토양 내 양분 보유 능력을 높이고 생육촉진 효과와 작물의 표피세포를 강화해 병해충 피해를 절감시키는 효과가 있어 농작물 생산에도 유용하게 활용된다.

끊임없는 노력과 양돈 기술적용으로 농장의 규모는 나날이 성장해 갔지만, 명인에게도 피할 수 없는 고민거리가 있었다. 가축분뇨가 늘어나면서 지역 주민들 사이에 환경오염 원인이라는 인식이 퍼져 나간 것이다. 분명히 위기였지만, 명인에겐 친환경 축산에 눈을 뜨게 해준 기회이기도 했다. 당시 홍성군 양돈협회 임원이었던 그는 축산분뇨를 친환경으로 처리할 수 있는 '활성오니 방류시설'을 도입했다. 수많은 시행착오 끝에 1일 40톤의 미생물을 배양하여 방류 처리하는 시설을 갖췄다. 활성오니 방류시설은 분뇨와 슬러지가 혼합된 오수를 저장 탱크에 가둔 후 이곳에 박테리아와 미생물을 배양, 분해시키는 시설이다. 분해된 오수가 벨트프레스를 거치면서 고형분과 정수된 물(법적 수질에 적합한)로 구분되어 최종 방류된다. 이 시설은 18년 전 김 명인이 홍성지역에서 최초로 도입했다. 지금은 홍성 내 약 200여 농가가 이 시설을 사용해 축산분뇨로 인한 오염을 막고 있다.

명인이 실천한 기술 농법으로 빼놓을 수 없는 게 'BM활성수' 도입이다. 그는 'BM활성수'를 설명하면서 "2012년

가축분뇨가 늘어나면서 지역 주민들 사이에 환경오염 원인이라는 인식이 퍼져 나간 것이다. 분명히 위기였지만, 명인에겐 친환경 축산에 눈을 뜨게 해준 기회이기도 했다.

부터 박테리아와 미네랄을 배양한 'BM활성수 시설'을 농장에 적용해 기존의 시설에 비해 악취를 80%나 저감시켰다"며 "활성수를 하루에 0.5톤 정도 먹이고, 농장에 뿌린다. 무엇보다도 농장의 냄새로 인한 주변 이웃 간의 갈등과 민원의 여지를 줄인 게 큰 성과"라고 설명했다.

이와 같은 명인의 노력은 농장의 경제적인 성과로도 나타났다. 2007년부터 2008년까지 비전농장은 PSY 25.2돈, MSY 23.8돈을 기록해 2년 연속 전국1등 농장에 선정됐다. 남들보다 한 발짝 앞선 대비로 축산농가의 벤치마킹 대상이 된 비전농장. 지금 명인의 곁에는 큰아들 김기태 부대표가 함께하면서 대를 이어 농장의 명성을 이어가고 있다.

생체리듬 고려한 축산 환경으로
건강한 낙농 산업을 이끈다

또나따목장

양의주

📍 경기 화성시 마도면 마도로
📞 031-356-1602
🌐 www.ttonatta.com

양의주 명인의 꿈은 또나따목장이 명실공히 대한민국 최고 명품 우유를 생산하는
목장으로 인정받는 것이다. 그러기 위해서는 젖소에 대한 애착을 더 가질 수밖에 없다.
양 명인은 "젖소의 행동 습관을 더 면밀하게 파악해 스트레스 요소들을 지속적으로 제거할 계획"이라며
"결국 명품 우유는 또나따 젖소에서 나오기 때문"이라고 강조한다.

'송아지를 또 낳았다!'

경기도 화성시 마도면에 자리 잡은 '또나따목장'은 특별하다. 동물복지를 실현해 젖소의 스트레스를 최소화하는 데 세심한 관심을 쏟고 있기 때문이다. 여기에 호주·뉴질랜드·네덜란드 등 선진 낙농국에 연수를 다녀온 후 최고의 우유를 생산하기 위해 고가의 로봇착유기까지 설치했다. 또 농촌융복합산업(6차 산업)화에 도전하여 유가공품을 생산하며 누구라도 또나따목장에서 낙농을 체험할 수 있도록 문호도 활짝 개방했다. 처음에는 또나따목장에서 생산한 우유, 발효유, 치즈 등을 홍보할 목적이었지만 소비자들의 반응은 뜨거웠다. 4~5월에는 한 달 평균 2,000여 명이 방문할 정도로 인기가 높다. 농장 이름도 특이하다. '송아지를 또 낳았다!'고 해서 '또나따목장'이다. 또나따목장의 꿈은 '대한민국 최고 우유를 생산하는 회사'로 인정받는 것이다. '큰 젖소 목장 경영'을 꿈꾸던 그가 젖소에 푹 빠지게 된 계기는 고등학교 졸업 시기로 거슬러 올라간다. 1989년 수원농생명과학고등학교 졸업 당시 자영상을 만든 선배가 자신이 키우던 젖소 암송아지를 부상으로 준 것이다. 그러다가 지난 2006년 선진 낙농을 경험할 수 있는 기회를 갖게 되면서 '또나따목장'이 가야할 길을 찾았다. 명인은 네덜란드·뉴질랜드 낙농산업을 견학하면서 큰 충격을 받았다. 특히 네덜란드 목장에서 도무지 사람들을

대한민국 최고농업기술명인의 비법

2006년 젖소가 생체리듬에 따라 스스로 착유를 진행하는 로봇착유 시스템 도입

스트레스 없는 고품질의 유제품을 생산하며, 동물복지에 기여

ISO9001, ISO14001 인증

명인은 거금 6억 원을 들여 로봇착유기를 도입했다. 이후 농장은 착유 시간에 의무적으로 젖을 짜던 관습에서 탈피해 젖소가 가장 편한 시간대에 착유할 수 있는 시스템으로 변화됐다.

⊗ **선정 년도 및 분야**
2014년 축산부문

⊗ **주요 품목**
젖소 사육 및 유가공 제품

⊗ **지역파급효과**
유가공시설에도 HACCP 인증 컨설팅, 농어민 현장교육장 및 일반인 대상 체험학습장 운영, 공동퇴비장에서 숙성퇴비를 생산하여 주위 농가들에게 무상 공급

⊗ **R&D 기술접목**
위생적인 환경과 개폐식 축사 시스템, 비트펄프·목화씨·오메가3·들깻묵 웰빙사료, 스스로 착유하는 로봇착유 시스템

찾아볼 수 없었다. 우유 생산을 로봇이 담당하고 있어 사람이 보이지 않았던 것이다. 로봇착유기와의 첫 만남은 이렇게 시작됐다.

로봇착유기 도입과 동물복지 실현

견학을 마치고 돌아온 양 명인은 주저하지 않고 거금 6억 원을 들여 로봇착유기를 도입했다. 로봇착유기는 또나따목장에 많은 변화를 불렀다. 무엇보다 착유 시간이 되면 의무적으로 젖을 짜던 관습에서 탈피해 젖소가 가장 편한 시간대에 착유할 수 있는 시스템으로 변화됐다.

이 로봇착유기는 젖소가 착유를 위해 정해진 구간에 들어오면 유두와 유방을 세척하고 레이저를 쏘아 젖의 상태를 빠른 속도로 파악해 데이터로 전송한다. 4개의 유방에 4개의 착유기가 그날 유방과 유두 상태에 따라 각각 강도를 조절해가며 착유한다. 젖소의 상태를 최대한 배려한 이른바 인공지능시스템이다.

젖소는 착유기 앞에 있다가도 갑자기 착유를 하고 싶지 않아지면 언제든지 칸막이를 밀고 나갈 수 있다. 또나따목장의 이러한 변화는 스트레스 없는 소들이 양질의 우유를 생산할 수 있는 기틀이 됐다.

또나따목장의 우유가 특별한 데는 살균법에도 비결이 숨어있다. 일반 시판 우유는 130~150℃ 사이로 2~4초간 살균하는 고온 방식이다. 많은 양을 생산키 위해 어쩔 수 없는 살균법이지만, 우유의 고유 성분이 변질될 수 있는 문제점을 안고 있다. 반면 또나따목장은 65℃ 저온 살균을 고수하고 있다. 65℃ 저온 살균 우유는 미생물과 미네랄 활성으로 인해 우유가 살아있어 일반 시판 우유에 비해 유통기한은 짧지만 5℃ 이하 냉장보관 시 우유 본래의 신선하고 고소한 맛을 오랫동안 느낄

> **Tip**
>
> **농장동물의 복지**
>
> 쾌적한 사육환경 제공, 스트레스와 불필요한 고통 최소화 등 복지 수준을 향상시키면 동물이 건강해지고, 건강한 동물로 생산되는 축산물은 안전하다. 국내에서는 산란계(2012년), 양돈(2013), 육계(2014), 젖소, 한육우, 염소(2015), 오리(2016) 농장에 대해 인증을 하고 있다.

농촌융복합산업(6차 산업)화에 도전하여 유가공품을 생산하며 누구라도 또나따목장에서 낙농을 체험할 수 있도록 문호도 활짝 개방했다.

수 있다. 또나따목장 우유를 한번 맛본 고객은 단골이 될 수밖에 없는 비결이다.

연간 2만 명이 찾는 체험농장

양의주 명인은 전국 어디에 내놔도 품질만큼은 자부할 수 있는 우유를 생산할 수 있게 되면서 '또나따목장' 독자 브랜드 구축에 나섰다. 일일 생산량 4톤 중 80%는 유업체에 납유되고, 나머지 20%는 우유, 발효유, 치즈 등 상품으로 생산돼 '또나따목장' 브랜드를 달고 판매된다.

어떻게 하면 소비자들에게 손쉽게 또나따 우유를 판매할 수 있을까 고민하던 양 명인은 또나따목장을 체험농장으로 탈바꿈을 추진했다. 목장을 방문한 소비자들은 우유짜기, 치즈 만들기, 피자나 아이스크림 만들기 등 다양한 체험을 하면서 또나따목장 브랜드를 자연스럽게 알게 되기 시작했다. 연간 2만 명 이상이 방문할 정도로 체험농장은 대성공을 거뒀다.

체험농장을 운영하며 또나따목장의 브랜드 가치와 명성은 높아졌고 그간 다녀간 소비자들의 신뢰와 충성도에 힘입어 농협 하나로마트 양재본점·봉담점·수원농협·갤러리아 압구정점·수원점·조선호텔·AK백화점·화성로컬푸드매장 등에 납품하게 되었다. 경기사이버장터와 또나따목장 자체 홈페이지에서도 전자상거래가 활발하게 이루어져 매출도 지속적으로 상승하고 있다.

철저한 생육환경, 족보 관리로 청정한우를 만든다

행원육종목장

문홍기

📍 전남 장흥군 장흥읍 행원강변길
📞 061-863-4858

문홍기 명인은 한우가 살아야 농촌이 산다고 믿는다. 그래서 평생을 바쳐 한우를 키웠고,
한우 사육과정을 개선하려 애썼다. 또한 우수한 한우 유전자를 지키려 노력해왔다.
그리고 그 공로를 인정받아, 지난 2015년 '대한민국 최고농업기술명인' 축산부문 명인으로 선정됐다.
전남 장흥의 한 목장에서 문홍기 명인을 만났다.

지붕개폐식 축사를 개발하다

문홍기 명인은 국내 최초로 '지붕개폐식 축사'를 개발한 것으로 유명하다. 지붕을 열고 닫을 수 있게 되면서 축사 안으로 햇빛과 바람이 훨씬 잘 통하게 됐고, 내부 환경도 크게 개선됐다. 지붕개폐식 축사는 전국으로 퍼져나갔다. 이를 통해 전국적으로 축사 내에 질병 발생확률이 크게 줄었고, 소들의 생활환경도 좋아져 결과적으로 축산 농가의 생산성을 증가하는 데 기여했다. 이외에도 소의 혈통을 기록해 두고, 교배 때 가장 좋은 조합을 찾도록 돕는 '번식 개체 기록카드', 소의 크기와 장단점, 특징 등을 기록하여 번식우를 관리할 수 있도록 하는 '사양우 현황판' 등 축산 농가의 환경을 개선하고 생산성을 높이는 데 도움이 되는 여러 시스템을 만들어 보급했다. 또한 전국의 축산 관련 전문가들을 초청해서 축산전문화과정 교육을 진행하기도 했다. 축산농가의 환경을 개선하고 생산성을 높일 양질의 교육을 제공하기 위해서다. 축산전문화과정은 그 뒤로도 해마다 계속되었다.

문홍기 명인이 계속 새로운 것을 만들고 성과를 낼 수 있었던 비결은 현장에서 찾은 불편함을 그냥 넘기지 않고 개선하고자 하는 태도와, 포기하지 않고 끝까지 매달리는 끈기에 있었다. 여름이면 심해지는 축사 냄새 때문에 고민하던 그는, 축사에 바람을 통하게 할 방법으로 지붕을 열면 좋겠다는 생각을 했고 그 방법을 찾기 시작했다.

대한민국 최고농업기술명인의 비법

지붕개폐사 축사시설 개발 및 설치로 쾌적한 환경에서 한우 사육

근친 번식 예방과 혈통체계 확립을 위한 한우번식 개체 기록카드 개발 및 관리

한우 육종 연구와 동시에 품종에 맞는 기능성 퇴비 연구

문홍기 명인이 계속 새로운 것을 만들고 성과를 낼 수 있었던 비결은 현장에서 찾은 불편함을 개선하고자 하는 태도와, 포기하지 않고 끝까지 매달리는 끈기에 있었다.

※ 선정 년도 및 분야
2015년 축산부문

※ 주요 품목
한우

※ 지역파급효과
장흥한우발전연구회 및 한우발전연구회 결성으로 지역 한우산업발전에 공헌

※ R&D 기술접목
한우의 바디컨디션 개념으로 각 단계의 B.C.S(Body Condition Score)를 관리하는 한우번식우 사양프로그램 개발

도르래를 달았을 때는 직접 손잡이를 돌리며 무거운 지붕을 열어야 하는 게 너무 힘들었고, 모터를 달았을 때는 지붕이 너무 빨리 올라가 다른 지붕 위로 튀어나갈까 걱정이었다. 빗물에 자동으로 반응해서 지붕이 닫히도록 만들었는데 이슬과 폭우를 구분 못하고 열려야 할 때 닫히고 닫혀야 할 때 열리는 지붕도 있었다. 완벽하진 않았지만 어쨌든 지붕은 적당히 열리며 닫혔으니 약간의 불편을 감수하고 그쯤에서 멈출 수 있었다.

그는 적당한 지점에서 타협하지 않았다. 전기 기술자, 용접기술자, 건축가, 자동차 회사 기술부, 축사 시공업자 등 여러 사람에게 물으며 해결책을 찾았다. 계속 실패가 이어졌다. 그러자 누군가는 '왜 쓸데없는 짓을 하느냐'고 했고, '이제라도 돈 낭비를 그만두라'고도 했다. 하지만 그는 포기하지 않았다. 꼭 필요한 일이라고 생각했고, 성공할 수 있다고 믿었다. 그렇게 다섯 번의 실패가 이어졌다. 여섯 번째 시도를 했을 때, 드디어 축사 지붕이 자연스럽게 열리고 닫혔다. 그 뒤 지붕개폐식 축사는 실효성을 인정받아 전국의 축산농가로 보급되었다.

> **Tip**
> **한우계획교배**
>
> 국립축산과학원에서 개발한 보증씨수소 정액 추천 프로그램. 농가의 계량목표에 적합한 정자를 추천해 근교퇴화를 방지하고 종축의 혈통, 능력에 대한 정보를 기초로 맞춤형 송아지를 생산할 수 있다. 액셀 프로그램과 스마트폰 애플리케이션으로 이용할 수 있다.

한우를 지키는 길, 축산전문화과정 교육

수입 소고기와 한우는 생육 환경의 차이 때문에 가격 격차가 심하다. 캐나다와 호주, 뉴질랜드의 소는 넓게 펼쳐진 목초지를 자유롭게 돌아다니며 풀을 뜯기 때문에 사료를 먹일 필요가 없다. 하지만 축사 안에 소를 넣어 키우는 한국의 농가는 이런 방법을 사용하기 어렵다. 사료 값도 더 들어가고 축사 내에 지푸라기를 깔고 갈아줘야 한다. 축사 내 공기 순환을 위해 여름철에는 계속해서 선풍기를 돌린다. 전기와 물 사용량도 많고 시설 설치비용도 차이가 난다.

때문에 명인은 한우 가격을 내리는 것은 현실성이 없다

> 그는 축산 농가를 위해
> 축산전문화과정을 개설했다.
> 원래는 한우전문화과정으로 시작했으나
> 교육이 진행되며 축산전문화과정으로
> 확대됐다.

고 말한다. 대신 국내 시장에서 가격 경쟁력을 지금 수준으로 유지하면서 해외 고급육 시장을 노리는 것이 한우의 생존을 도모할 수 있는 가장 현실적인 방법이라고 봤다. 이를 위해 그가 집중했던 부분은 교배였다.

건강해 보이는 소로 교배를 시키더라도 족보를 제대로 확인하지 않으면 근친교배의 위험이 있다. 이를 되도록 피하고 가장 좋은 조합을 짜기 위해서는 평소에 소의 족보를 기록해 뒀다가 교배 전 계산해 보는 것이다. 하지만 교배 조합은 경우의 수가 너무 다양하기 때문에 일반 축산 농가에서 계산하기가 쉽지 않다. 농가에서 참고할 만한 자료를 만들어도 충분치 않았다.

고민 끝에, 그는 축산 농가를 위해 축산전문화과정을 개설했다. 원래는 한우전문화과정으로 시작했으나 교육이 진행되며 축산전문화과정으로 확대됐다. 중요한 축산 기술과 이론을 가르쳤고, 성공 농가의 사례도 소개했다. 교육과정을 맡았던 6년 동안 좋은 사례를 가진 농가를 찾고, 좋은 기술과 이론 강의를 할 수 있는 대학 교수나 전문가들에게 강의를 부탁했다. 이제는 교육과정에 더 이상 참가하지 않지만, 축산전문화과정 교육이 우리나라 축산 농가에 많은 도움이 될 것이라 확신한다.

선진기술 도입과 고품질 원유 생산으로 낙농가에 희망을 불어넣다

은아목장

조옥향

◎ 경기 여주시 가남읍 금당5길
📞 031-882-5868
🌐 www.eunafarm.com

20년 전만 해도 치즈는 주로 외국에서 수입하거나 유가공업체에서 제조 판매하였다.
하지만 훨씬 이전부터 농장형 자연 치즈와 유제품, 체험농장프로그램을 개발하며 일찌감치 선진기술의 사례를
도입한 사람이 있다. 현재 여주에서 은아목장을 운영하며 여주시 낙농가들의 권익에
앞장서고 있는 조옥향 명인. 그를 만나본다.

종축 개량과 유질 개선을 통한 고품질 원유 생산

조옥향 명인은 축산 영농에 종사한지 36년째다. 1986년부터 한국종축개량협회에서 입회검정을 실시하여 과학적이고 체계적인 종축 개량과 혈통우를 관리해왔다. 또한 유량(乳量)보다 유질(乳質) 개선에 중점을 두어 체세포나 내열성 세균이 낮은 고품질 원유를 생산함으로써 국내에선 처음으로 미군납의 납유 농가로 선정되었다.

"1990년 당시 생산성이 우수한 젖소에 유질이 좋은 우유는 농가들이 500원 정도의 유대를 받았으나 우리 목장은 1,000원을 넘게 받았습니다."

조 명인은 치즈를 외국에서 수입하던 1990년대부터 이미 유제품 제조의 선진 기술을 외국에서 습득하기 시작하였다. 1993년부터 한국 홀스타인 품평회에 출품하며 수상하기 시작했고 1995년 제7회 한국홀스타인 품평회에서 '은아 벨보이 달진'으로 그랜드 챔피언을 획득하였다. 이후에도 11번에 걸쳐 부문별로 수상하였으며, 현재 9세대 혈통우를 보유하고 있다.

2009년부터는 상표등록을 통해 10여 종의 자연 치즈를 개발하여 낙농가의 새로운 소득원을 창출하고 있다. 국내 최초로 꽈배기 형상의 트레차 치즈를 개발한 것을 비롯해 우리 입맛에 맞게 삼겹살 구이와 잘 어울

대한민국 최고농업기술명인의 비법

선진사례 연구와 종축개량

유제품 제조의 기술교육

체험형 관광목장 프로그램을 개발

유량(乳量)보다 유질(乳質) 개선에 중점을 두어 체세포나 내열성 세균이 낮은 고품질 원유를 생산함으로써 국내에선 처음으로 미군납의 납유 농가로 선정되었다.

- **선정 년도 및 분야**: 2016년 축산부문
- **주요 품목**: 젖소 사육 및 유가공품
- **지역파급효과**: 낙농 체험형 관광목장 프로그램 개발
- **R&D 기술접목**: 불안정한 수익구조와 경영악화 낙농가에 새로운 모델 제시

리는 그릴치즈, 건초를 급여해 만든 6개월 동안 숙성시킨 티모시 치즈 등 다양한 제품을 개발하며 국내 낙농업계에 신선한 충격을 안겼다.

뿐만 아니라 목장 안에 카페를 만들어 유제품을 활용한 요거트와 버터쿠키, 아이스크림, 피자 등을 제조해 판매하고 있으며 깡통 기차, 젖소 그림 갤러리 등 다양한 즐길 거리가 있는 체험형 관광목장 프로그램을 개발해 낙농가의 불안정한 수익구조와 고질적인 경영악화를 극복하는 데 선도적인 역할을 했다.

Tip

치즈 자급률 해결의 열쇠

최근 목장에서 갓 짠 우유를 가공해 만든 목장형 자연 치즈가 반응이 좋다. 2020년 4월 우유자조금관리위원회가 발표한 보고서에 따르면 목장형 자연 치즈 구매자 중 78.9%가 '만족한다'고 응답했으며 69.9%가 '계속 구입할 계획'이라고 답했다. 국내 자연 치즈 자급률은 3%. 목장형 치즈가 자급률을 해결할 것이라는 기대가 나오는 이유다.

자금회전이 빠른 젖소 3두로 낙농업에 입문

조 명인이 낙농업에 입문하게 된 것은 유별나게 동물을 좋아했던 그의 성품에서 비롯되었다. 1983년 여주로 귀농하면서 처음에는 한우 9두로 축산업을 시작하였으나 그 해 소 값 파동으로 인해 겨울철 사료 값과 생활비를 감당하기에는 역부족이었다. 그래서 생각을 바꿨다. 자금회전이 빠른 젖소를 키워보기 위해 이듬해에 젖소 3두를 들여와 낙농업의 길로 들어선 것이다. 그는 기술교육의 중요성을 깨닫게 되어 주경야독으로 현장에서 젖소를 키우면서 농촌진흥청, 낙농관련 전문잡지, 협회, 농업기술센터 등을 찾아다니면서 젖소에 대해 공부하면서 실력을 쌓아나갔다.

"자체적으로 과감한 도태와 종축개량을 통해 고능력우 생산에 역점을 두었어요. 2002년까지 성유우 50두, 육성우 50두 규모로 목장을 일궈냈죠. 제가 여기까지 올 수 있었던 요인을 들라고 한다면 내 안의 절실함과 추진력을 들고 싶어요."

조 명인은 자신의 목장을 지속 가능한 유가공 체험농장으로 발전시키기 위해 후계자 양성에도 열성적이다.

자체적으로 과감한 도태와 종축개량을 통해 고능력우 생산에 역점을 두었어요. 2002년까지 성유우 50두, 육성우 50두 규모로 목장을 일궈냈죠.

아울러 한국종축개량협회 검정중앙회와 여주시 낙농검정회에서 회장을 맡아 낙농가들의 권익을 위해 활동하고 있으며, 여주시 농업기술센터에서 기술교육, 현장견학, 선진기술 습득을 위한 정보교환에 힘을 쏟고 있다. 2019년에는 대한민국 최고농업기술명인이 되기까지 40년 삶 이야기를 오롯이 담은 『은아목장 이야기』를 책으로 발간한 조 명인의 다음 이야기가 기대된다.

좋은 품질과 맛
최고의 경쟁력을 갖춘 돼지

까매요

박영식

◉ 경남 함양군 함양읍 상림1길
☎ 055-962-8859
🌐 www.kkamaeyo.com

까매요는 국내에서 최초로 최대 규모의 흑돼지 종돈장으로 인증받은 곳이다.
이곳의 가공품은 돼지 시장의 1%인 흑돼지의 순수혈통으로만 만들어졌다. 버크셔 순종 육성을 위해
정성을 다하면서, 2015년 국립축산과학원에서 개발한 품종 '우리 흑돈'의 보급과 양돈 기술 노하우 전수에도
열정을 쏟는 박영식 명인을 만나기 위해 지리산을 찾았다.

막을 수 없다면 맞서라

소고기의 경우, 지방 함유량에 따른 다양한 등급 구분과 산지에 따른 분류가 철저하게 이루어지고 있다. 그래서 많은 소비자들이 목적과 예산에 맞는 상품을 선택하는 건 자연스러운 일. 반면 돼지고기는 그저 하나로 묶어 지칭하는 경우가 더 많다. 단순히 국산과 수입산으로 나누는 것이 일반적인 상황. 하지만 박영식 명인은 여기에 흑돼지라는 선택지 하나를 더 제시하고 있다.

"일반적으로 흑돼지라고 하면 제주를 떠올리기가 쉽습니다. 관광객들을 대상으로 한 특산물로도 널리 홍보가 됐고 그 덕분에 하나의 브랜드로 자리를 잡았지요. 하지만 내륙에서도 흑돼지를 사육해왔습니다. 다만 그 개체 수가 많지 않고 대규모 양돈이 이루어지지 않았기 때문에 인지도가 상대적으로 낮았을 뿐이지요."

박영식 명인의 설명에 따르면 남원, 산청, 김천 그리고 함양 일대에서는 오래전부터 흑돼지를 길러왔다고 한다. 함양에서 나고 자란 그 역시 어렸을 때부터 흑돼지를 기르는 게 당연한 일상이었다고 했다. 그리고 그 당연한 일상은 어느 틈엔가 흥미로운 공부가 됐고 결국 그를 축산학과에 입학하도록 이끄는 힘이 되었다. 첫 직장이 축산업협동조합이었던 그는, 오랫동안 꿈꾸었던 양돈을 실행하기로 마음을 먹었다. 하지만 망설여지는 부분도 있었다.

대한민국 최고농업기술명인의 비법

품질을 통한 경쟁력 확보

소포장으로 소비자가 원하는 양만큼 구매할 수 있도록 함

가공 및 교육 등을 통한 부가가치 창출과 시장 확대

새로운 배합의 사료를 급여하며 변화를 살폈고 이를 꼼꼼하게 기록했다. 덕분에 어디에서도 만들어내지 못했던 흑돼지 사육 매뉴얼을 완성할 수 있었다.

※ 선정 년도 및 분야
2017년 축산부문

※ 주요 품목
흑돼지 양돈, 육가공품

※ 지역파급효과
국립축산과학원 명예지도관으로 양돈 분야 기술 보급, 함양 관광객 유치에 기여, 고령·다문화 계층 일자리 창출, 청년 창업 및 고등학생들 채용

※ R&D 기술접목
흑돼지 품종 개량, 흑돼지 맞춤 사료 자체 개발, 육가공 제품 개발(소시지·불고기·떡갈비·돈가스 등), 교육사업, 판매 및 홍보, 교육 센터 운영

"1970년대부터 요크셔를 중심으로 한 수입품종이 밀려들어오면서 수도권 주변에서는 대규모 양돈이 자리를 잡았습니다. 그렇다면 나는 어떻게 해야 할까, 어떻게 해야 차별화를 할 수 있을까 고민을 했던 것이지요."

흑돼지는 그 품종의 특성상 성체의 체구가 작고 상업성을 갖출 때까지의 사육 기간이 길다. 당연히 경제성이 수입품종에 비해 낮을 수밖에 없다. 그렇기에 박영식 명인 이전에는 대규모 흑돼지 사육이 이루어지지 않았던 것. 그럼에도 불구하고 그는 흑돼지를 선택했다.

"결국 경쟁력은 품질에서 찾을 수밖에 없다는 판단을 했습니다. 수입품종, 수입고기가 밀려들더라도 그것에 맞설 수 있는 가장 확실한 무기는 고기 맛, 품질일 수밖에 없으니까요."

그렇게 시작한 흑돼지 양돈은, 박영식 명인으로 하여금 한차례 큰 아픔을 맛보게 했다. 한여름 흑돼지들에게 신선한 공기를 불어넣고 뜨거운 공기를 빼내는 환풍기가 과부하로 인해 멈추어 섰던 것이다. 불과 30분 전에 박영식 명인이 직접 상태를 확인했던 흑돼지들은 질식해 쓰러진 채 발견됐다. 그로 인한 경제적 손실만 1억 원을 넘어섰지만, 그에게는 망연자실할 여유도 없었다. 충격을 받은 직원들을 다독이는 한편 다시 새끼를 받아 정성스레 키워 원래의 사육 두수를 복원해야 했다. 물론 이제는 그때의 실수를 거울삼아 설비를 더 안정적으로 구성한 상태. 그래서 박영석 명인의 양돈장에서는 사료공급부터 분뇨처리까지 완전 자동화 시설이 가동 중이다.

설비만 일신한 것은 아니다. 그는 흑돼지의 상태를 면밀히 관찰했다. 새로운 배합의 사료를 급여하며 변화를 살폈고 이를 꼼꼼하게 기록했다. 덕분에 어디에서도 만들어내지 못했던 흑돼지 사육 매뉴얼을 완성할 수 있었다. 그런 그가 혈통과 사양 관리에 만전을 기하는 것은 당연한 일. 이런 노력은 그에게 전국 1호이자 전국 최대 규모의 흑돼지 종돈장 인증이라는 영예를 가져다주었다.

> **Tip**
>
> **우리나라 토종돼지**
>
> 현재 국내에서는 법으로 토종돼지로 인정하고 있는 돼지는 △축진참돈 △축진듀록 △우리흑돈 △난축맛돈 4종이다. 명인이 키우는 우리흑돈은 '축진참돈'과 '축진듀록'을 교배한 것으로 재래돼지보다 잘 자란다. 고기 색이 붉고 육즙이 풍부한 것이 장점이다.

각 축산대학의 학생들은 물론
정육과 관련된 꿈을 품고 있는 청년들도
박영식 명인의 품에서 흑돼지처럼
알찬 꿈을 키우고 있다.

더 좋은 흑돼지를 더 많은 사람에게

박영식 명인은 더 많은 사람들에게 흑돼지를 알리려 노력 중이다. 함양의 명소인 상림공원 앞에 판매와 홍보, 교육이 한 번에 이루어지는 공간을 조성한 것도 그런 노력의 일환이다.

"제가 키운 흑돼지가 다른 지역의 도축장으로 팔려 가면 그곳의 브랜드로 포장돼 판매됩니다. 그런 모습을 볼 때마다 안타깝기 이를 데 없었어요. 내가 키운 돼지를 직접 가공하고 판매한다면 더 높은 부가가치가 창출되는 한편, 함양이 흑돼지의 고장이라는 사실을 널리 알릴 수 있을 거라는 생각에 도전을 했습니다."

처음엔 함양의 상징인 상림공원 앞에 도축장을 짓는다는 소문이 돌아 고생을 하기도 했지만, 지금은 함양을 찾는 관광객들에게 흑돼지라는 특산물을 홍보하고 판매하는 최전선 역할을 하고 있다. 전국에서 교육생들도 몰려들고 있다. 각 축산대학의 학생들은 물론 정육과 관련된 꿈을 품고 있는 청년들도 박영식 명인의 품에서 흑돼지처럼 알찬 꿈을 키우고 있다.

"귀농·귀촌이라 해서 반드시 농사만을 염두에 두어야 하는 건 아니라 생각합니다. 흑돼지를 직접 기를 수도 있겠지만 가공, 상품 개발, 홍보 등 다양한 분야에서 할 수 있는 일을 많이 만들고 싶어요. 그래서 궁극적으로는 흑돼지 특화마을을 조성하고 싶습니다. 그런 저희의 성공을 발판으로 삼아 유사한 모델이 더 많은 농촌사회에 공유되고 확산되면 더 바랄 것이 없겠습니다."

지리산 자락 아래 가장 좋은 환경에서 자라고 있는 흑돼지들처럼, 박영식 명인의 비전도 건강하게 살찌고 있었다.

부드러운 육질,
DNA를 가진 명품 흑돼지

다산육종
박화춘

📍 전북 남원시 운봉읍 승전로
📞 063-634-7652

지리산 해발고도 500m에 박화춘 명인이 육종한 순수 혈통 흑돼지 버크셔K 1만 3,000여 마리가 자라고 있다.
10여 년간 흑돼지 육종과 계통을 연구해 온 박 명인은 과학적인 방법으로 순수 혈통을 이어야
우리나라 양돈산업의 미래 경쟁력을 높일 수 있다고 말한다.

청결한 환경과 적정량의 먹이 제공

박화춘 명인은 외국에서 흑돼지 버크셔 품종을 도입해 한국형 버크셔 계통인 '버크셔K'를 개발한 육종 전문가다. 버크셔K는 박 명인이 붙인 이름으로 K는 Korea를 뜻한다. 보통 흑돼지라고 하면 온몸이 까만 이미지를 먼저 떠올리지만 순종 버크셔 혈통은 네 다리와 꼬리, 머리 등 여섯 군데가 하얗다. 박 명인은 육백(六白)이라 불리는 이 순종 버크셔 중에서도 한국형 계통인 버크셔K를 사육 중이다. 버크셔K는 우리나라 기후에 잘 적응하는 데다 육질이 부드럽다.

고품질 돼지를 사육하려면 농장 관리에 앞서 계통 개발과 관리가 우선돼야 한다. 흑돼지 버크셔K는 박 명인이 2003년부터 10년 이상 연구한 끝에 육종한 계통이다. 석·박사 과정 때 육종학을 전공한 데 이어 농촌진흥청 축산과학원과 목우촌에서도 종자 개량과 육종을 담당했던 경험을 바탕으로 얻어낸 성과였다.

우리나라 사람들은 부드럽고 촉촉한 돼지고기를 선호하는 경향이 있어 육즙이 부드러운 성질을 가진 종자만 모아 검증 및 교배 과정을 거쳤다. 5,000여 마리의 육질을 검사하고 육질이 부드러운 돼지의 공통 DNA를 발견했다. 순종 교배 시 나타날 수 있는 기형 등의 문제 요소를 없애는 과정도 진행했다. 과학적인 방법으로 순종 버크셔K 계통을 선발했기에 교배 시 균일하고 우수한 특

대한민국 최고농업기술명인의 비법

청결하고 쾌적한
돈사 관리 및 분리사육 도입

종자 개량과 육종 경험으로
버크셔K 개발 및 상표화

가공과 유통,
외식사업으로
부가수입 창출

흑돼지 버크셔K는
박 명인이 2003년부터 10년 이상 연구한
끝에 육종한 계통이다.

※ 선정 년도 및 분야
2018년 축산부문

※ 주요 품목
양돈

※ 지역파급효과
한국형 버크셔 계통 버크셔K 개발, 전북대학교와 산·학·관 커플링사업 참여로 청년 일자리 창출

※ R&D 기술접목
양돈관련 특허 12건, 의장등록 3건

성을 가진 순종 돼지가 태어난다. 박 명인은 버크셔K를 상표화한 데 이어 양돈 관련 특허를 12건이나 출원했다. 계통 관리 외에도 명인이 강조하는 것은 돈사 관리. 박 명인은 돼지는 깨끗한 동물이며, 돼지에게 알맞은 환경과 먹이, 물을 제공하는 것이 농장 운영의 기본 자세라고 말한다. 그의 생각은 농장에 그대로 반영돼 있다. 돼지의 배설물을 방치하면 돼지에게 유해한 세균이 발생하는데, 촘촘한 구멍이 뚫린 재질의 깔판을 돈사 바닥에 깔아 배설물이 바로 빠져나가도록 했다. 물과 먹이도 필요한 만큼만 공급하고 돼지가 자유롭게 돌아다닐 수 있도록 크기도 넉넉하다. 어울리지 못하거나 약한 돼지는 분리사육해 상처 입는 것을 방지한다. 그는 농장에도 자정작용이 이뤄진다고 말한다. 자정작용의 선이 넘어가면 피해를 입으므로 문제가 될 만한 요소를 미리 제거하고 농장을 청결하게 관리하는 게 사람의 몫임을 강조했다.

> **Tip**
> ### 국가별 선호 계통
> 육종된 돼지 계통은 나라별 선호에 따라 다른 외모를 갖고 있다. 일본은 등심을 주로 먹어 통통한 돼지를 선호하는 반면 우리나라는 삼겹살 소비가 많아 몸길이가 길되 아랫배가 덜 나온 돼지를 선호한다. 버크셔K는 국내 선호도에 적합한 외모를 지닌다.

전북대와 양돈산업 인재 양성

박 명인은 버크셔K의 명맥을 잇기 위해 전북대학교의 인재 양성 사업에 참여하고 있다. 농장에 실습생이 오면 교육도 직접 진행한다. 단, 기술 전수보다는 양돈산업 그 자체를 강조한다. 청년들은 주로 농장에서 일을 하는 게 아니라 양돈산업과 흑돼지 사육의 핵심을 배운다.

"농장 운영의 포인트를 알려 주려고 합니다. 예를 들면 분리사육이 왜 중요한지, 어떤 장점이 있는지 아는 게 중요하죠. 약한 흑돼지를 분리사육하면 다른 흑돼지에게 위축되지 않아 심리적으로 치료해 주는 효과가 있어요."

박 명인은 단순히 부모로부터 이어받아 농사를 짓는 승계농업이 아니라 계승농업이 돼야 양돈산업의 미래 비

박 명인은 버크셔K의 명맥을 잇기 위해 전북대학교의 인재 양성 사업에 참여하고 있다. 농장에 실습생이 오면 교육도 직접 진행한다.

전이 쌓인다고 강조했다. 청년들에게 배우려는 자세가 있어야 한다는 의미다. 이를 위해 명인으로서, 선배 농업인으로서 청년들에게 양돈산업에서 발전시켜야 하는 요소나 관행농업 중 개선해야 할 점을 명확하게 보여주려고 한다. 선배 농업인이 양돈산업의 마스터플랜을 만들어야 청년이 농촌으로 올 것이라는 믿음 때문이다.

박 명인은 양돈산업에 관심이 있는 둘째 아들과 함께 농장을 운영 중이다. 건강과 행복을 주는 양돈산업의 비전을 젊은이들과 함께 고민해 나가는 그의 열정을 보여주고 있다. 앞으로 박 명인의 비전과 노하우는 더 많은 청년들과 함께 발전할 것이다. 그리고 다음 세대와 함께하는 명인의 농법 전수는 농업의 발전에 작지만 크게 기여하는 일이 될 것이라 믿는다.

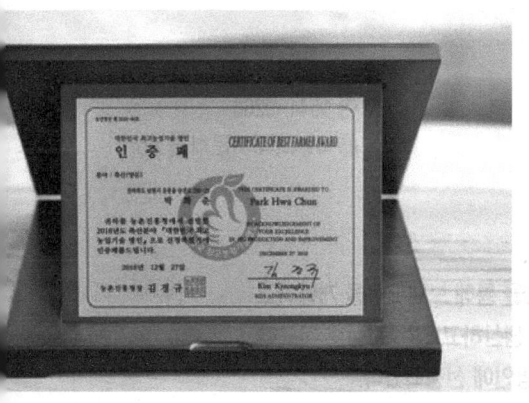

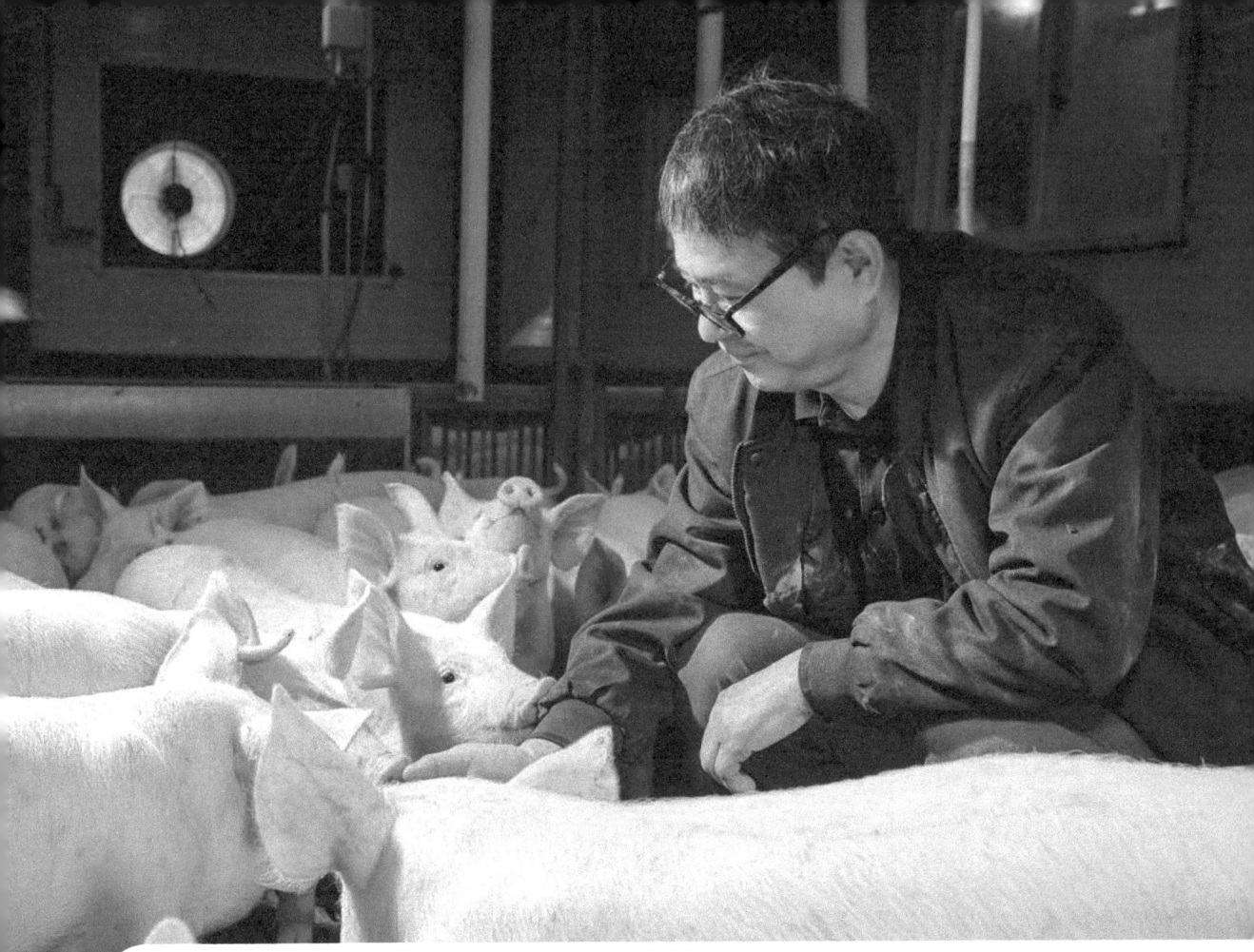

치악산금돈,
축산업의 미래를 열다

금돈 돼지문화원

장성훈

📍 강원도 원주시 지정면 송정로
📞 1544-9266
🌐 www.돼지문화원.com

강원도 원주에는 국내 최초로 돼지를 테마로 한 돼지문화원이 있다.
이 문화원의 주인공은 1차산업을 기반으로 씨돼지의 지속적인 개량을 통해 브랜드육을 개발하고
나아가 유전자 연구개발로 건강하고 우수한 육질의 '치악산금돈'을 생산하고 있는 장성훈 대표다.
그는 축산 분야에서 그간의 공로를 인정받아 2019년 최고농업기술명인에 선정되었다.

농촌과 도시의 교류의 장, 돼지문화원 '금돈' 개원

장성훈 명인은 1997년 개인농장을 열어 지금까지 전문 종돈장과 유전자센터를 기반으로 최고급 품질의 돼지고기 생산을 위한 연구를 지속해왔다. △깨끗한 축산농장 지정 △강원도인증 농수특산품 △신지식농업인 341호 △FDA인증 △ISO인증 △한돈인증 최우수상 △FSSC식품안전시스템인증 △동탑산업훈장 등의 수훈경력은 그가 축산농가의 소득향상에 기여했다는 방증이다.

특히 그는 한돈 비육돈의 1차 생산, 엄선한 브랜드육의 2차 가공, 판매·서비스·체험·견학·레저 3차산업을 결합한 농촌융복합산업(6차산업) 구조를 완성함으로써 농촌의 융·복합산업 활성화에 주력했다. 이와 동시에 자신의 경험과 노하우를 전수하기 위해 다양한 교육프로그램을 추진해오고 있는 데 대한 공로를 인정받고 있는 것이다.

또한, 그는 씨돼지의 지속적인 개량으로 균일한 품질의 돼지고기를 생산해 상품화하고 있으며, 농촌과 도시의 교류를 위해 국내 최초로 돼지를 테마로 한 돼지문화원을 설립 운영하고 있다. 돼지문화원은 농·축산업을 관광자원으로 만들고 생산자와 소비자의 직거래를 통해 농촌융복합산업(6차산업)으로 발돋움하는 데 기여했다는 평가를 받고 있다. 현재는 새로운 교육 트렌드인 체험학습과 연계함으로써 융·복합사업자 인증을 통해 온 가족이 즐길 수 있는 문화교류의 장으로 발전시키고 있다.

대한민국 최고농업기술명인의 비법

- 종돈개량을 통한 브랜드육 개발
- 개발한 브랜드육으로 최상의 품질과 신선도 유지한 육가공제품 개발
- 축산업의 관광자원화와 고부가가치 창출

씨돼지의 지속적인 개량으로 균일한 품질의 돼지고기를 생산해 상품화하고 있으며, 농촌과 도시의 교류를 위해 국내 최초로 돼지를 테마로 한 돼지문화원을 설립 운영하고 있다.

- **선정 년도 및 분야**: 2019년 축산부문
- **주요 품목**: 양돈
- **지역파급효과**: 새로운 일자리 창출, 고용 확대, 지역경제 활성화
- **R&D 기술접목**: 브랜드육 개발과 축산을 테마로 한 관광자원 발굴

지속적인 종돈 개량으로
'치악산금돈' 브랜드육 탄생시켜

장성훈 명인은 종돈 영업사원으로 잘 나가던 때 회사를 그만 두고 1997년 돼지 100두로 전문 종돈회사를 설립하였다. 축산고등학교, 축산대학을 졸업하고 현장 경험을 오랫동안 쌓았던 그는 자신감에 차 있었다. 하지만 얼마 후, IMF가 터질 것이라고는 상상을 못했다. 모든 물가가 오르기 시작하면서 수익은커녕 현상 유지조차 힘들었다.

구제역으로 2만 2,000여 마리를 땅에 묻고 한동안 힘든 시기도 있었다. 직원들이 하나둘씩 떠나 결국 10여 명만 남고 모든 것이 제자리걸음이었다. 하지만 포기할 수 없었다. 하지만 오히려 과감히 대출을 받아 규모를 키우면서 공격적인 마케팅과 상품 개발을 했다. 그것이 전화위복의 계기가 된 것이다.

품질이 우수한 돼지를 선별 판매하는 종돈장과 인공수정센터를 함께 운영하면서 지속적으로 품종개량을 시도했다. 이러한 노력 끝에 그 유명한 '치악산금돈'이란 브랜드육을 생산하게 되었다. 치악산금돈은 180일 이상의 사육기간과 30일 이상 전용사료를 먹여 키우고 있으며 1등급만 취급한다. 첨가제를 전혀 넣지 않는 가공식품은 이미 마니아층을 형성했다.

> **Tip**
>
> **돼지개량네트워크 구축사업**
>
> 농촌진흥청은 2020년 8월 '돼지개량네트워크 구축사업'을 통해 유전능력이 우수한 한국형 씨돼지(수퇘지)를 지속적으로 선발하고 있다. 이 사업은 각 종돈장이 보유한 우수 씨돼지를 선발·공유·평가해 유전적 연결을 확보, 우리나라 여건에 맞는 한국형 씨돼지를 개량하는 사업이다.

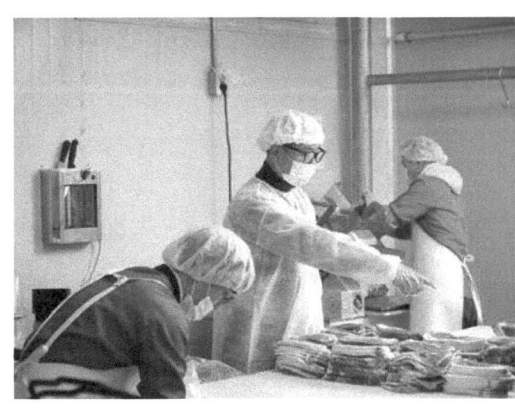

품질이 우수한 돼지를 선별 판매하는 종돈장과 인공수정센터를 함께 운영하면서 지속적으로 품종개량을 시도했다. 노력 끝에 '치악산금돈'이란 브랜드육을 생산하게 되었다.

"돼지와 평생 함께한 것을 자부하면서도 양돈 산업의 미래에 대해 늘 고민해오던 중 농촌과 도시가 서로 교류할 수 있는 가교역할로써 2011년 돼지문화원을 개원하게 되었습니다."

그는 종돈개량을 통한 브랜드육 생산과 식품가공이 연계된 축산관광화를 추진함으로써 새로운 고부가가치와 고용창출은 물론 안전한 먹거리 제공과 함께 축산업 발전에 기여하고 있다.

기록하고 돌아보며 걸어온 길
그 위에서 자라는 한우의 미래

덕풍농장

오삼규

📍 경북 영주시 단산면 소백로
📞 054-634-4392

한우는 수많은 국산 농·축·수산물 중에서 손에 꼽히는 자랑거리다.
많은 사람들의 사랑을 받고 있으며, 그래서 그 종자를 보존하고 발전시키는 일이 무엇보다 중요하다.
따라서 가장 우수한 개체를 선발하는 과정 역시 까다롭기 이를 데 없다.
그 까다로운 과정 속에서 한우의 미래를 이끌고 있는 오삼규 명인을 만났다.

대한민국 최고농업기술명인의 비법

- 더 우수한 한우를 만들기 위한 끊임없는 노력
- 모든 상황을 데이터화하는 과학적 접근
- 소비자에게 더 안전하게 깨끗한 먹거리를 제공해야 한다는 사명감

인공수정에 사용된 정액을 채취한 씨수소의 정보, 암소의 임신 당시 백신 투여 횟수, 송아지가 태어난 날짜와 시간, 출생 당시 체중 등 중요하다 생각되는 정보는 모두 기록했다.

정확한 계산 앞에 요행은 없다

오삼규 명인은 한 마리당 약 100억 원의 가치가 있다고 알려진 보증씨수소 선발과정을 차근차근 설명했다. 따로 자료를 뒤적일 필요도 없었다. 그는 경북 영주에서 개인 농가로는 최초로 보증씨수소 4두를 생산한 주인공이기 때문이었다.

"농촌진흥청의 주관 하에 전국에서 6~7개월 된 수송아지를 6~800여 마리 선발해 같은 환경에서 같은 사료를 주며 사육합니다. 3개월 단위로 체중과 외모, 질병 유무를 검사하고 후보종모우 55두를 추려내지요. 이 소들에게서부터 정액을 채취해 인공수정을 원하는 농가에 보급합니다. 이 과정을 거쳐 태어난 수송아지도 3개월 단위로 체중과 외모, 발육 등을 꼼꼼하게 기록하고 24개월째가 되면 14명의 전문가에 의해 정밀 분석에 들어갑니다. 유전체 검사도 진행해 이 데이터를 바탕으로 15~20마리의 보증씨수소가 정해지는 거죠."

그는 한우 사육에 관해서는 최고의 경지에 올랐다. 경북 최초 전문농업 경영인 축산 마이스터라는 타이틀이 그러한 그의 경력을 눈부시게 증명하고 있다. 하지만 그 역시도 시련과 부침의 시간을 견뎌야 했다.

"처음엔 부모님께서 하고 계시던 양계로 축산과 인연을 맺었습니다. 그러던 중 한우는 농가에서 개량이 가능하

❀ **선정 년도 및 분야**
2020년 축산부문

❀ **주요 품목**
한우

❀ **지역파급효과**
2008년 HACCP 인증, 깨끗한 축산농장 인증, 깨끗한 축산농장 가꾸기 교육 실시, 전국 대학의 현장실습용으로 개방, 전국 한우관련 기관 및 대학에서 현장교수 자격으로 강의 진행

❀ **R&D 기술접목**
정확한 데이터를 바탕으로 계획교배, 송아지 모근을 통한 유전자 분석을 통한 육종가 산출, 분만부터 12개월에 이를 때까지 기록한 송아지 체중 데이터를 바탕으로 최적의 사료 개발 등

다는 사실을 알고 전환을 결심했지요. 하지만 최초로 한우 암소 43마리를 입식하던 2003년 당시만 해도 지금과 같은 과학적인 방법에 대해서는 잘 알지를 못했습니다."
그가 처음 한우를 사육하던 때만 해도 등급은 '운에 맡기는 것'이었다. 언제, 무엇을, 어떻게 먹이는지에 대해서는 제대로 된 자료가 없었다. 개량을 위한 인공수정 역시 마찬가지였다. 어떤 수소의 유전자를 가진 송아지가 태어난 것인지 정확하게 확인하는 일은 쉽지 않았다. 그래서 그는 모든 것을 기록하기 시작했다. 인공수정에 사용된 정액을 채취한 씨수소의 정보, 암소의 임신 당시 백신 투여 횟수, 송아지가 태어난 날짜와 시간, 출생 당시 체중 등 중요하다 생각되는 정보는 모두 기록했다.
이러한 기록들은 컴퓨터에 입력해 데이터베이스화했다. 10년 이상 데이터가 쌓이다 보니 이제 그의 농장에서 키우고 있는 모든 소의 데이터를 일목요연하게 확인할 수 있게 되었다. 그래서 수소와 암소의 계통을 확인한 후 계획교배를 하는 것만으로도 갓 태어난 송아지의 육종가까지 정확히 예측이 가능해졌다.

> **Tip**
>
> **보증씨수소 선발사업**
>
> 정부에서는 한우 개량사업으로 1987년부터 연간 2차례 보증씨수소 선발사업을 실시하고 있다. 선발된 보증씨수소는 마리당 약 10만 스트로의 정액을 생산하며 이를 통상 암소 1마리에 1~2번 투입하면 전국에서 3만~4만 마리의 새끼 한우가 태어난다.

"초기에는 출하 성적이 보잘것없었습니다. 체형이 워낙 작았거든요. 체형을 열심히 키웠더니 이번엔 등급이 낮았습니다. 다양한 데이터를 기반으로 그 안을 다시 차곡차곡 채우기 위해 8년이 걸렸습니다. 짧지 않은 시간이었죠. 그래도 결국 이만큼 왔습니다."

모두에게 자랑이 될 수 있는 농장

축산을 하는 집의 아이들은 친구들을 초대하기 꺼린다는 말이 있다. 분뇨로 인한 냄새가 워낙 심하기 때문이다. 하지만 그가 경영하는 덕풍농장에서는 그 익숙한 축산분뇨 냄새가 거의 나질 않는다. 톱밥이 아니라 이미 발효가 끝난 퇴비를 축사에 깔아주기 때문에 분뇨와

덕풍농장에서는 축산분뇨 냄새가
거의 나지 않는다.
톱밥이 아니라 이미 발효가 끝난 퇴비를
축사에 깔아주기 때문에 분뇨와 생톱밥이
섞이며 발생하는 악취를 방지했기
때문이다.

생톱밥이 섞이며 발생하는 악취를 방지했기 때문이다. 뿐만 아니라 청소 주기를 짧게 설정했으며 축사에서 거둬들인 분뇨와 퇴비는 곧바로 교반작업을 통해 재처리하기 때문에 오·폐수가 흐르거나 벌레가 꼬이지 않는다. 그래서 그는 두 번의 가족 잔치를 축사로 둘러싸인 농장 한가운데에서 열었다. 그의 삼 남매는, 어렸을 때부터 놀이터에 오듯 즐겁게 농장을 찾는 친구들과 어울려 노는 게 일과 중 하나였다. 그런 농장은 더욱 발전해 지금은 HACCP 인증과 깨끗한 축산 농장 인증을 받았다.

"어렸을 때부터 이곳에서 놀며 생활하며 성장한 삼 남매 모두가 축산과 관련된 대학, 연구소 등에서 비전을 찾고 있습니다. 한우를 키우는 일에서 가능성을 봤다는 뜻이겠지요."

자녀들뿐 아니라 오삼규 명인의 배우자 역시 현재 한우 마이스터 과정을 밟고 있다. 온 가족이 축산에 관한 최고의 전문가 집단이 될 날이 머지않은 셈이다.

"마이스터 제도는 독일에서 온 것입니다. 그리고 독일 마이스터들은 송아지면 송아지, 사육이면 사육과 같이 품목별로 운영 중입니다만, 한국의 마이스터는 모든 과정에 대한 마이스터입니다. 전천후인 셈이지요. 그래서 언젠가는 바로 그 마이스터들의 본고장 독일의 강단에 서고 싶습니다. 그곳에서 한국인이, 그리고 한국인이 기르는 한우가 얼마나 우수한지 마음껏 자랑하고 싶습니다."

지역 주민들에게 사랑받는 농장, 지역의 가치를 높이는 축산을 이어가겠다는 오삼규 명인. 언젠가는 전 세계 축산 전문가들 앞에 당당하게 서겠다는 꿈이, 그가 키우는 한우들처럼 건강하고 알차게 차오르고 있었다.

편집인 농촌지원국장 이천일, 기술보급과장 조은희,
　　　　　안정구, 김창수, 박환규, 이명숙

농업의 미래를 만나다 **대한민국**
최고농업기술 명인
56人

초판 인쇄 2021년 03월 11일
초판 발행 2021년 03월 16일

저　자 농촌진흥청
발행인 김갑용

발행처 진한엠앤비
주소 서울시 서대문구 독립문로 14길 66 205호(냉천동 260)
전화 02) 364 - 8491(대) / 팩스 02) 319 - 3537
홈페이지주소 http://www.jinhanbook.co.kr
등록번호 제25100-2016-000019호 (등록일자 : 1993년 05월 25일)
ⓒ2021 jinhan M&B INC, Printed in Korea

ISBN 979-11-290-2068-0   (93520)   [정가 24,000원]

☞ 이 책에 담긴 내용의 무단 전재 및 복제 행위를 금합니다.
☞ 잘못 만들어진 책자는 구입처에서 교환해 드립니다.
☞ 본 도서는 [공공데이터 제공 및 이용 활성화에 관한 법률]을 근거로 출판되었습니다.